Lutz Röllke

Taschenatlas
Orchideen

340 Pflanzenporträts
346 Farbfotos

AF833868

Ulmer

Inhaltsverzeichnis

Bibliografische Information der Deutschen Nationalbibliothek
Die Deutsche Nationalbibliothek verzeichnet diese Publikation in der Deutschen Nationalbibliografie; detaillierte bibliografische Daten sind im Internet über http://dnb.d-nb.de abrufbar.

Das Werk einschließlich aller seiner Teile ist urheberrechtlich geschützt. Jede Verwertung außerhalb der engen Grenzen des Urheberrechtsgesetzes ist ohne Zustimmung des Verlages unzulässig und strafbar. Das gilt insbesondere für Vervielfältigungen, Übersetzungen, Mikroverfilmungen und die Einspeicherung und Verarbeitung in elektronischen Systemen.

© 2008 Eugen Ulmer KG

Wollgrasweg 41, 70599 Stuttgart (Hohenheim)
E-Mail: info@ulmer.de
Internet: www.ulmer.de
Lektorat: Karin Wachsmuth, Dörte Vieth
Herstellung: Silke Reuter
Umschlagentwurf: Atelier Reichert, Stuttgart
Satz: Typomedia GmbH, Ostfildern
Reproduktion: TBM, Remseck
Druck und Bindung: Firmengruppe APPL, aprinta Druck, Wemding
Printed in Germany

ISBN 978-3-8001-5669-6

Vorwort

Orchideen umgibt ein Hauch von Exotik. Schon die fremd klingenden Namen der Pflanzen üben einen faszinierenden Reiz aus. Und die oft bizarr geformten, in vielen Farbnuancen leuchtenden Blüten tun ihr Übriges. Seit Jahrtausenden pflegen Menschen Orchideen, davon berichten schon uralte Schriften. Heute sind diese Kinder der Lüfte und der Sonne uns allen so nahe gekommen wie nie zuvor. Damit sie sich in unseren Wohnungen und Gewächshäusern wirklich wohl fühlen können, wurde dieses Buch für Hobbygärtner und Fachleute von einem langjährigen Orchideenfreund, Orchideengärtner und Experten geschrieben. Übersichtlich zusammengestellt, können Sie die wichtigsten Merkmale zum Bestimmen und Einordnen einer Gattung sowie Hinweise zu ihrer Pflege auf einen Blick erfassen. Hier haben Sie einen hilfreichen Ratgeber zur Hand, wenn Sie die Königinnen der Pflanzen in Ihr Zuhause holen, um sich an ihrer Blütenpracht und ihrem Formenreichtum zu erfreuen.

Die Vielfalt der Auswahl und das Arrangement gewähren manchen überraschenden Einblick in die Welt der Orchideen und machen dieses Buch nicht nur zu einem Lehrbuch, sondern auch zu einem Vergnügen.

Irene Bock
Redaktion Deutsche Orchideen-Gesellschaft
Naumburg, im Frühjahr 2008

Dank
Dass dieses Buch in der vorliegenden Form entstehen konnte, ist – insbesondere bei der Bereitstellung zum Fotografieren der vielen Orchideenporträts – der Mithilfe folgender Einrichtungen und ihren Mitarbeitern zu verdanken:

- Berggarten Hannover (www.berggarten-hannover.de)
- Deutsche Orchideen-Gesellschaft (www.orchidee.de)
- Kopf Orchideen (www.kopf-orchideen.de)
- Röllke-Orchideenzucht (www.roellke-orchideen.de)
- Wubben Orchideen (www.orchidwubben.com)

Lutz Röllke
Röllke-Orchideenzucht,
Schloss Holte-Stukenbrock,
im Frühjahr 2008

Die in diesem Buch enthaltenen Empfehlungen und Angaben sind vom Autor mit größter Sorgfalt zusammengestellt und geprüft worden. Eine Garantie für die Richtigkeit der Angaben kann aber nicht gegeben werden. Autor und Verlag übernehmen keinerlei Haftung für Schäden und Unfälle.

Einführung

Die Benennung der Orchideen

Artnamen

Als die Menschen anfingen, Pflanzen zu sammeln und zu katalogisieren, wurden zunächst nur Beschreibungen in Latein für jede Pflanze angefertigt, die diese Pflanzen kurz und deutlich darstellen sollten. Diese „Pflanzennamen" waren teilweise sehr lang und ungenau. Den geringen Nutzwert der lateinischen Beschreibungen erkannte als erster „Botaniker" CHARLES PLUMIER, der daraufhin zusätzlich Aquarelle der von ihm entdeckten Pflanzen anfertigte. 1750 veröffentlichte RUMPHIUS eine der bekannten heutigen Orchideen unter dem Namen *Angraecum album maius*.

1753 veröffentlichte CARL VON LINNÉ ein System zur Einteilung der Pflanzen nach ihren Blütenmerkmalen. Dabei ersetzte er, die oft umständlichen Bezeichnungen von Arten konsequent durch systematische, heute noch gebräuchliche Doppelnamen (binäre Nomenklatur). Der erste Teil des Namens ist der der Gattung, der zweite, das Epitheton, charakterisiert zusammen mit dem ersten die Art. Um Verwechslungen zu vermeiden, sollte der Name des Autors ebenfalls dahinterstehen.

Bei der Überarbeitung bereits beschriebener Pflanzen benannte LINNÉ *Angraecum album maius* aufgrund seiner epiphytischen Wuchsform in *Epidendrum amabile* um (Epi gr. = auf, dendron gr. = Baum). Für eine weitere Unterteilung innerhalb der Orchideen lag ihm zu dieser Zeit zu wenig Material vor. Immer mehr Pflanzen gelangten durch Forschungsreisen nach Europa, wo sie führende Botaniker ihrer Zeit untersuchten und bestimmten. Da sich abzeichnete, dass die Gattung *Epidendrum* hauptsächlich aus Südamerika stammt, *Epidendrum amabile* aber aus Asien kommt, wurde es 1814 in die asiatische Gattung *Cymbidium* überführt und zunächst als *Cymbidium amabile* bezeichnet. Aufgrund von immer häufiger gefundenen Pflanzen kam CARL LUDWIG BLUME dann auf die Idee, diese Pflanze als Typus (Grundlage) für die Einführung einer neuen Gattung zu benutzen. Da die Blüte ihn an einen Schmetterling erinnerte, nannte er sie *Phalaenopsis* (Phalaeno gr. = Schmetterling, Falter, *opsis* gr. = sieht aus wie). Damit trägt diese Orchidee den noch heute gültigen Namen *Phalaenopsis amabilis*.

Im Laufe weiterer Jahrzehnte wurden immer mehr Orchideen gefunden, die der Gattung *Phalaenopsis* zugeteilt wurden, sodass für eine bessere Übersicht diese Gattung weiter in Gruppen (Sektionen) unterteilt wurde. Hier werden Pflanzen mit gleichen Merkmalen, aber trotzdem unterschiedlichem Aussehen zusammengefasst. Allerdings kommt es immer wieder – und nicht nur bei *Phalaenopsis* – vor, dass einzelne Sektionen von manchen Botanikern mit oder ohne nachvollziehbare Begründung in den Rang einer Gattung emporgehoben werden. Diese Abspaltungen setzen sich nicht immer durch.

Die korrekte Bezeichnung einer Orchidee ist entgegen der allgemeinen Meinung nicht immer die letzte Beschreibung, sondern die, die sich allgemein durchsetzt. So kann es durchaus vorkommen, dass einige Bezeichnungen längere Zeit nebeneinander existieren und anerkannt sind.

Prioritätsregel

Eine wichtige Regel bei der Namensgebung ist die Prioritätsregel. Greift die Prioritätsregel, müssen Namensänderungen anerkannt werden. Das ist dann der Fall, wenn die besagte Pflanze bereits früher unter einem anderen binären Namen beschrieben wurde. In diesem Fall muss das Epitheton übernommen werden.

Beispiel: *Encyclia lancifolia* wurde vor einiger Zeit in die Gattung *Anacheilium* (*A. lancifolium*) überführt. Es stellte sich aber heraus, dass diese Art früher schon als *Epidendrum trulla* beschrieben wurde, demzufolge muss der gültige Name jetzt *Anacheilum trulla* lauten. Wenn man aber *Anacheilum* nicht anerkennt, muss trotzdem das Epitheton geändert werden, so dass aus *Encyclia lancifolia* auf jeden Fall *E. trulla* wird.

Moderne Taxonomie

Bis vor wenigen Jahren wurden Pflanzen allein aufgrund ihrer phänotypischen (äußerlichen) Erscheinungsweise eingeteilt. Durch die heutige Praxis der DNA-Analyse werden Pflanzen inzwischen auch nach genotypischen (erbgutbezogenen) Gesichtspunkten eingeordnet und ihre Verwandschaftsverhältnisse bestimmt. Aufgrund dieser Analysen wurden die meisten *Laelia* in die Gattung *Sophronitis* überführt, obwohl die äußerlichen Verwandtschaftsmerkmale relativ gering sind. Wenn diese Vorgehensweise vielleicht auch wissenschaftlich richtig ist: für den Orchideenliebhaber stiftet sie eher Verwirrung.

Kreuzungen (Hybriden)

Seit 1896 werden alle weltweiten Orchideenkreuzungen zentral von der Royal Horticultural Society (RHS) in London erfasst. Die Anmeldung einer Hybride ist gebührenpflichtig, damit bleibt der Name erhalten – egal, wann, wo und von wem diese Hybride mit denselben Eltern wiedergekreuzt wird.

Bis vor wenigen Jahren wurden Umkombination unter den Gattungen und Arten bei der Hybridenregistrierung nicht berücksichtigt. *Rhyncholaelia digbyana*, früher *Brassavola digbyana*, wurde in der Registrierung immer als *Brassavola* behandelt, obwohl die Abspaltung in *Rhyncholaelia* mehr oder weniger weltweit anerkannt wurde. Eine Kreuzung aus *Brassavola digbyana* × *Laelia* × *Cattleya* blieb immer eine *Brassolaeliocattleya*, und jeder Orchideenliebhaber konnte sich darunter etwas vorstellen. Inzwischen wurde von eingen Botanikern die Gattung *Laelia* in *Sophronitis* überführt, die Gattung *Cattleya* wird unterteilt in *Cattleya*, *Cattleyella* und *Guarianthe*, und *Rhyncholaelia* wird als ebensolche geführt. So kann aus *Brassavola* × *Laelia* × *Cattleya* inzwischen eine Hybride aus *Brassavola* oder *Rhyncholaelia, Sophronits* oder *Laelia und Cattleya*, *Cattleyella* oder *Guarianthe* werden. Die ehemalige Bezeichnung *Brassolaeliocattleya* kann also auch eine *Rhynitianthe* oder *Brassophranthe* usw. sein.

Ob diese neue Benamung von Hybriden sich durchsetzen wird, bleibt abzuwarten, der Erfahrung nach stehen die Orchideenliebhaber und -gärtner diesem meistens sehr ablehnend gegenüber.

Sortennamen

Im Zuge der Massenvermehrung durch Zellkultur taucht eine weitere Bezeichnung bei den Orchideen auf: der Sortenname. Hat ein Züchter eine Kreuzung (bei Hybriden) oder Nachzucht (bei Naturformen) erfolgreich zum Blühen gebracht, so kann er aus diesem Bestand Pflanzen mit besonderen Kennzeichen herauswählen. Diese Pflanzen werden meistens über Zellkulturen vermehrt, damit alle Nachkommen dieselben gewünschten Eigenschaften haben. Meist aus finanziellen Gründen werden die selektierten Pflanzen mit einem Sortennamen belegt. Die Herkunft oder die Eltern der Pflanze sind nur selten herauszufinden.

In diesem Buch wird daher bei den Naturformen die Nomenklatur verwendet, die sich nach Ansicht des Autors durchgesetzt hat bzw. hilfreich bei der Einteilung in Kulturgruppen ist.

Orchideen und ihre natürliche Verbreitung

Es gibt kaum eine Region in dieser Welt, die nicht von Orchideen besiedelt wird. Selbst nur 1600 km nördlich der Antarktis findet sich *Corybas macranthus*; auch *Cypripedium passerinum*, *Cypripedium guttatum* und *Coeloglossum viride* wachsen innerhalb des Polarkreises. Die größte Artenvielfalt, insbesondere die der epiphytischen Orchideen, findet man innerhalb der Tropen. So werden für Brasilien 2500, für Kolumbien über 3000 und für Venezuela über 1500 Arten angegeben. In Südostasien soll es 6800 Arten geben, allein auf dem malayischen Archipel, Borneo und Papua-Neuguinea existieren weitere 8000. Für das tropische Afrika werden 3700 Arten angegeben.

Diese Angaben sind sehr ungenau, weil es keine exakten Aufzählungen gibt. Weiterhin werden viele Arten jedes Jahr neu beschrieben; so stieg alleine die Zahl der neu beschriebenen Arten in Australien und benachbarter Inseln von 1980 bis 1990 von 600 auf 900 Arten.

Wie viele Orchideengattungen findet man in ...
Eurasien: etwa 40–50 Gattungen
Nordamerika: etwa 20–30 Gattungen
Mittel- und Südamerika sowie benachbarte Inselwelt: etwa 400–450 Gattungen
Tropisches Asien: 250–320 Gattungen
Tropisches Afrika: etwa 125–150 Gattungen
Ozeanien: Etwa 50–70 Gattungen

Verbreitung der Orchideen (nach Pabst und Dungs)

1. Zu der ersten Klimaprovinz gehören die heißen Küstengebiete Süd- und Mittelamerikas einschließlich des Amazonasbeckens, die heißen Küstenbereiche Afrikas, das Kongobecken, die Küsten Südostasiens, Indonesiens, Mikronesiens und die nordaustralische Küste. Hier wird das Klima durch die sumpfig-feuchten Gebiete im Landesinnern und den tropisch-feuchten Wald bestimmt. Es ist ständig heiß und feucht, gelegentlich gibt es trockene Tage, aber kaum eine Temperaturabsenkung in der Nacht. Die Orchideen finden sich meist an Standorten mit Luftbewegung und wenig lichtraubendem Bewuchs, wie in den Baumkronen, an Waldrändern, Lichtungen, Flussufern und Berghängen.

2. Die mittleren Höhenlagen der Anden, die brasilianische Serro do Mar, die Gebirgsketten westlich und östlich des Himalaja und die bergigen Regionen Malaysias, Indonesiens, Neuguineas und Nordaustraliens bilden die 2. Provinz. Bemerkenswert ist der Gürtel von Kiefern- und Eichenwäldern an der Westküste Mittel- bis Südamerikas, in der auffallend viele Orchideen vorkommen. Das Klima wird durch feuchte Luftmassen sowohl vom Meer als auch aus den feucht-warmen Regionen der ersten Klimaprovinz bestimmt. Hier sind über 65 % aller Orchideenarten beheimatet. Durch warme, feuchte Luftmassen bzw. kondensierende Luftfeuchte sind Niederschläge an der Tagesordnung. Selbst während trockener Zeiten sind ausreichende Mengen an Tau und Nebel vorhanden, sodass die Pflanzen sich immer vollsaugen können. Die Orchideen finden sich hier sehr weit verbreitet; sie wachsen epi- oder lithophytisch an hellen, luftigen, aber geschützten Standorten.

3. Diese Klimaprovinz findet sich meist savannen- oder steppenartig ausgeprägt im Landesinnern, in Höhenlagen von 500–1000 m. Die Gegenden sind meist nur locker bewachsen, lediglich in der Nähe von Flussläufen findet sich dichte Vegetation. Regenfälle sind selten, Tageshöchsttemperaturen können 35 °C erreichen, während die Temperatur nachts bis zum Gefrierpunkt fallen kann. Die Orchideen wachsen in der Savanne oder Steppe meist terrestrisch, lediglich in der Nähe von Flussläufen sind epiphytische Orchideen zu finden.

Die epiphytisch lebende *Coelogyne* am Naturstandort.

4. Die gemäßigten, kühleren Klimate der Nord- und Südhalbkugel bilden die vierte Klimaprovinz. Hierzu gehören Europa und die hohen Berglagen des Himalaja, der Anden und des Kilimandscharo. Die Jahreszeiten sind stark ausgeprägt, sowohl Feuchtigkeit und Trockenheit wechseln genauso stark wie hohe Temperaturen und Kälte. Die Orchideen in diesen Regionen wachsen terrestrisch, die meisten von ihnen verlieren im Winter die Blätter. Insgesamt sind diese Klimabereiche arm an Orchideen.

Lokale Verbreitung

Auch die lokale Verbreitung der Orchideen ist sehr unterschiedlich. Wird in manchen Gebieten nur eine Orchideenart gefunden, so ist es doch durchaus möglich, dass selbst auf einem Baum verschiedene Orchideenarten gleichzeitig wachsen. In Moyobamba, einer kleinen Stadt im nördlichen Peru, sollen im nahen Umkreis über 3500 verschiedene Orchideen wachsen, weshalb die Stadt auch den Namen „The City of Orchids" trägt.

Einige Orchideenarten sind weit verbreitet, die meisten jedoch sind nur an einzelnen Standorten zu finden. Die höchste Anzahl an endemischen Orchideen soll sich in Australien befinden; etwa 88 % der Orchideen wachsen nur an einer bestimmten Stelle.

Anpassung an unterschiedliche Standorte

Orchideen stellen eine der anpassungsfähigsten Gattungen innerhalb des Pflanzenreiches dar. Die größte Artendichte lässt sich allerdings immer in Gegenden mit gleichmäßigem Klima finden. Aber auch Gebiete mit extremen Bedingungen werden von ihnen besiedelt. In den meisten Fällen zeigen die Wurzeln an, aus welchen Gebieten die Pflanzen kommen. Nebelwaldpflanzen haben meist weiches Laub mit dünnen Wurzeln und sind auf ständig feuchte Luft oder starke Taubildung angewiesen. Orchideen aus trockenen Gebieten besitzen meist dicke, stabile Wurzeln und feste Blätter und können so trockene Perioden wesentlich besser überstehen.

Phragmipedium, terrestrisch lebend

Cattleya mit epiphytischer Lebensweise

Epidendrum, lithophytisch wachsend

Sympodial wachsende Orchideen, die durch Verzweigung nacheinanderfolgende Sprossglieder ausbilden, stammen meist aus Gebieten mit mehr oder weniger deutlichen Jahreszeiten und haben sich ihren Umweltbedingungen perfekt angepasst. Das Frühjahr ist die Austriebszeit, der Sommer die Wachstumsperiode, im Herbst reift der Trieb aus und im Winter gibt es eine Ruhephase. Je höher die Lage in den Tropen ist, in der die Orchideen wachsen, desto ausgeprägter sind die Jahreszeiten.

Monopodial wachsende Orchideen, die eine an der Spitze weiterwachsende einheitliche Sprossachse aufweisen, stammen meistens aus Asien und haben keinen Wachstumszyklus, unterliegen aber trotzdem jahreszeitlichen Schwankungen. Die Temperatur und Niederschlagsmenge steigt in den Sommermonaten deutlich an. Während der trockeneren und etwas kühleren Jahreszeit können sich die Pflanzen aber problemlos am Morgen- und Abendtau vollsaugen.

Wenn man in den Tropen nach Orchideen sucht, stellt man schnell fest, dass sie meistens in luftigen und hellen Gegenden vorkommen. Orchideen mögen viel Licht und suchen ihre Standorte entsprechend immer an exponierten Stellen. Bei zu sonnigen Lagen flüchten sie gerne an Waldränder oder entwickeln sich an Standorten, die in der Mittagszeit etwas Schatten geben. Auch wenn Nebelwaldpflanzen mit halbschattigen oder schattigen Standorten angegeben werden, muss hierbei berücksichtigt werden, dass in diesen Gegenden nur selten die Sonne scheint.

Um sich die optimalen Standorte eigen zu machen, können die Orchideen epiphytisch, lithophytisch und terrestrisch wachsen. Epiphyten wachsen auf Ästen, Zweigen oder Baumstämmen, Lithophyten auf Steinen oder Felsen und terristrische Orchideen im oder auf dem Boden. Während jahrelang die Meinung vorherrschte, dass Orchideen nur einer Wuchsform ausbilden, weiß man inzwischen, dass mehr Orchideen als gedacht alle drei Formen aufweisen.

Stichpunkte im Einzelnen

Gruppe

Ist die Bezeichnung der Gruppe *kursiv* geschrieben, weist dies auf eine taxonomische Einteilung hin. Die Mitglieder dieser Gruppe sind in ihren Kulturbedingungen einander sehr ähnlich. Ist die Bezeichnung nicht kursiv geschrieben, handelt es sich um eine willkürliche Einteilung entsprechend den Kulturbedingungen.

Anzahl der Arten

Fast immer ist die genaue Anzahl der Arten nicht bekannt. Hierfür gibt es verschiedene Ursachen:

1. Es gibt Herbarbelege, die vermuten lassen, dass es weitere Arten gegeben hat, und die eventuell wiederentdeckt werden müssen.
2. Die Gattung ist überarbeitet worden: Manche Arten sind in andere Gattungen überführt, dies wird aber nicht immer anerkannt.
3. Manche Arten werden manchmal als Varietät geführt, von anderen Botanikern aber eigenständig geführt.
4. Die Gattung ist nicht ausreichend untersucht oder bearbeitet worden.

Verbreitung

Hier finden sich neben der geografischen Angabe zahlreiche Hinweise auf die Kultur.

Temperatur: Die Fundort-Höhenangaben geben wichtige Hinweise über die Temperaturen am Standort: Von Meereshöhe bis 1000 m herrscht meistens ein warmes bis heißes Klima vor, zwischen 1000 bis 2500 m ist das Klima überwiegend temperiert, während über 2500 m doch eher kühlere Temperaturen vorherrschen. Diese Angaben sind nur Anhaltspunkte, je nach Entfernung zum Äquator sind die Temperaturwerte unterschiedlich, mit steigender Entfernung sinken die Jahresdurchschnittstemperaturen.

Niederschläge: Finden sich im Text Hinweise wie „tropisch", „Nebelwald" oder „Regenwald", so sind dies eindeutige Hinweise darauf, dass diese Pflanzen mehr Wasser benötigen. Ebenso weisen „bemooste Zweige oder Äste" auf gleichmäßig feuchte Standorte hin. Standortbeschreibungen wie „exponierte Lage" oder „sonnige Stelle" verweisen auf trockenere Gebiete, die niederschlagsarm sind. In diesen Gegenden fällt aber meist so starker Tau, dass die Pflanzen sich in den frühen Morgen- und Abendstunden vollsaugen können. „Subtropen" weist auf trockenere Lagen mit unterschiedlichen Jahreszeiten hin.

Luftfeuchte: Häufig finden sich Hinweise wie „entlang von Wasser- oder Bachläufen". Dies sind eindeutige Hinweise, dass diese Orchideen eine höhere Luftfeuchte mögen. Auch Angaben über starke Taubildung sind für die Kultur sehr wichtig, sie zeigen, dass die Pflanzen morgens und abends stark besprüht werden sollten, aber auch schnell wieder abtrocknen müssen. Bitte nicht vergessen: In den natürlichen Heimatgebieten gibt es auch an feuchten Standorten andauernde Luftbewegungen!

Wuchsform

Hier kann man Größenangaben finden, um sich grob über den Platzbedarf der Pflanzen zu informieren. Krautige Blätter zeigen an, dass die Pflanzen lichtempfindlicher sind und meist mehr Feuchtigkeit benötigen; ledrige oder harte Blätter weisen auf geringere Ansprüche bezüglich Luftfeuchtigkeit und auf Lichthunger hin. Die Angaben beziehen sich auf den Durchschnitt innerhalb der Gattung, Abweichungen sind durchaus wahrscheinlich.

Blüte

Ein stellvertretendes Bild kann nur ein Hinweis auf die Gattung sein. Hier gibt es weitere Hinweise, wie man sich die Vertreter dieser Gattung oder Gruppe vorzustellen hat. Die Angaben beziehen sich auf den Durchschnitt, Abweichungen sind wahrscheinlich.

Besonderheiten bei Orchideen: Die Blüte mancher Arten resupiniert; das bedeutet, dass sich die Blüte durch Drehung des Blütenstiels umkehrt, so dass ihr unterer Teil nach oben gerichtet wird.

Besonderheiten

Die im nachfolgenden Teil beschriebenen Orchideen sind ein großer Querschnitt aus dem Reich der Orchideen. Über 330 Gattungen sind in kurzen Stichworten dargestellt und beschrieben. Hier sind in Kurzform Hinweise aufgeführt, die besondere Beachtung verdienen.

Es würde den Umfang eines jeden Buches sprengen, für alle Gattungen und Arten komplette Kulturanleitungen anzugeben. Die meisten Gattungen kommen in geografisch begrenzten Gebieten vor, die relativ identische Klimabedingungen haben. In diesem Buch findet man die wichtigsten Grundlagen für eine erfolgreiche Kultur, die bei Interesse oder Gefallen an einer Blüte eine wichtige Entscheidungshilfe geben können.

Verwendete Symbole

Die Symbole sollen eine Unterstützung zum Text sein. Selbstverständlich kann für eine große Gattung keine allgemeingültige Aussage getroffen werden. Die gewählten Symbole beziehen sich auf die Erfahrungen mit denen am häufigsten im Handel befindlichen Arten.

Temperatur

kühl: Pflanzen aus Höhenlagen über 2500–3000 m sollten kühl kultiviert werden. Diese Pflanzen benötigen meist im Winter eine trockene Ruhephase, die Sommertemperaturen sollten 22–25 °C nur kurzfristig übersteigen. Bei langen heißen Sommern muss man durch Nebelanlagen oder ähnliches Erleichterung schaffen.

temperiert (temp.): Temperiert wachsende Orchideen fühlen sich bei Temperaturen um 20 °C wohl, die Nachttemperaturen können auf 15 °C fallen, die Höchsttemperaturen sollten nicht für längere Zeit über 28 °C liegen.

warm: Diese Orchideen kommen aus Gebieten mit hohen Jahresdurchschnittstemperaturen. Die meisten warm wachsenden Orchideen kommen aber gut im temperierten Bereich zurecht. Einige von ihnen können sogar problemlos kühler kultiviert werden. Hierfür ist einige Erfahrung nötig.

Nicht immer lassen sich die Orchideen genau klassifizieren, sodass gelegentlich das Kürzel k–t oder t–w gewählt wurde. Die Mitglieder dieser Gattung sind entweder sehr unterschiedlich in der Kultur oder der Temperaturbereich dieser Gattung ist deutlich größer.

Licht

Die Lichtverhältnisse in der Natur entsprechen nicht den Lichtverhältnissen in unseren Breiten. Die Werte „Schatten“, „Halbschatten“ und „Sonne“ wurden nach den Standortangaben und eigenen Kulturerfahrungen erstellt.

Schatten (Sch): Diese Pflanzen haben meistens weiches Laub und sollten nicht für längere Zeit dem Sonnenlicht ausgesetzt sein. Frühe Morgensonne und späte Abendsonne sind aber auf keinen Fall schädlich.

Halbschatten (HS): Entspricht Morgen- und Abendsonne am Ost- oder Westfenster. Die Pflanzen können einiges an Licht vertragen, sollten aber von Mai bis September tagsüber schattiert werden.

Sonne (Sonne): Diese Orchideen stehen in der Natur an exponierten Lagen in der freien Sonne. Im Gewächshaus oder Wintergarten können diese Pflanzen schon viel Licht vertragen und sollten höher platziert werden. Allerdings sollten auch sie in den Sommermonaten vor praller Mittagssonne geschützt werden, da sich sonst die Blätter zu stark aufheizen.

Nicht alle Gattungen sind zu vereinheitlichen, sodass nicht selten manche Vertreter einer Gattung heller oder dunkler als der Durchschnitt zu kultivieren sind. Hinweise darauf sind durch Sch–HS oder HS–Sonne gegeben.

Wassergaben 

Hier kann nur die Tendenz angegeben werden. Pflanzen ohne Ruhephase sollten das ganze Jahr gleichmäßig gepflegt werden. Muss eine Ruhephase eingehalten werden, sollte während dieser Zeit deutlich weniger gegossen werden, auch wenn die Angabe „viel“ oder „mäßig“ ist.

Grundsätzlich sind die folgenden Angaben immer unter Berücksichtigung der Jahreszeiten zu sehen. Sie beziehen sich nur auf die Wachstumsphase, die meist im Frühjahr und Sommer zu finden ist.

feucht (feucht): Orchideen, die so gekennzeichnet wurden, dürfen während der Wachstumsphase nie länger trocken stehen. Viele von ihnen vertragen keine trockene Luft für längere Zeit. Aber trotzdem mögen auch diese Gattungen keine Staunässe.

mäßig (mäßig): Damit ist regelmäßiges Gießen gemeint, die Pflanzen können aber problemlos auch 1–2 Tage richtig abtrocknen, ohne Schaden zu nehmen.

gering (gering): Hier gilt es, mit Wasser vorsichtig zu sein. Auch diese Pflanzen können und müssen regelmäßig gegossen und gesprüht werden, aber sie dürfen nie längere Zeit feucht oder nass stehen.

Die Wassergaben sind immer abhängig von der Luftbewegung (keine Zugluft!) und der Temperatur. Auch die Topfgröße und das Substrat spielen eine wichtige Rolle.

Ruhezeit 

Ab Herbst und im Winter sollten alle Orchideen dem abnehmenden Licht und fallenden Temperaturen entsprechend weniger gegossen und gedüngt werden. Dies ist ein notwendiges Muss und keine Ruhezeit.

Ja (Ja): Der Begriff Ruhezeit ist nicht fest definiert. Es kann sich hierbei um extreme Ruhezeit bei sehr geringen Temperaturen ohne jegliche Wassergaben, aber auch nur um eine leichte Temperaturabsenkung bei leicht verminderten Wassergaben handeln. Genauere Hinweise findet man im Textteil unter Besonderheiten.

Nein (Nein): Die Pflanzen sollten den Umweltbedingungen entsprechend weiter gepflegt werden.

Kulturtyp 

Hier findet man Tipps und Hinweise, auf welche Art und Weise die Orchideen am besten kultiviert werden. Allerdings sind diese Angaben kein Muss, sondern nur Anhaltspunkte.

Kulturtyp A (A): Diese Orchideen sollten im normalen Kunststofftopf in einem guten Orchideensubstrat (Epiphytenmischung) kultiviert werden.

Kulturtyp B (B): Pflanzen dieser Kategorie wachsen am besten aufgebunden (= Blockkultur). Sie benötigen viel Luft an den Wurzeln und sollten nach dem Gießen immer schnell abgetrocknet sein.

Kulturtyp C (C): Herunterhängende oder nach unten wachsende Rispen verlangen nach der Kultur im Körbchen oder Gittertopf. *Vanda* und deren Verwandte benötigen viel Luft an den Wurzeln, können aufgrund der Pflanzengröße und der Wuchsform jedoch nicht aufgebunden werden und sollten daher in das Körbchen oder den Gittertopf.

Kulturtyp D (D): Orchideen, die stark in die Breite wachsen und nicht viel Wasser vertragen, sollten in flache Schalen gepflanzt werden.

Kulturtyp E (E): In dieser Gruppe sind die Orchideen zusammengefasst, die terrestrisch wachsen. Manche von ihnen wachsen auch in der Epiphytenmischung, andere sollten in sandige, torfhaltige Substrate oder einer Mischung daraus gepflanzt werden.

Orchideen
von A bis Z

Acacallis fimbriata

Acampe papillosa

Acacallis

LINDLEY 1853

Arten: Etwa 1–4 Arten.

Beispiele: *Acacallis cyanea, Acacallis fimbriata, Acacallis hoehnei, Acacallis rosariana.*

Verbreitung: Brasilien, Venezuela, Peru und Kolumbien. Epiphytisch in tropischen Regenwaldgebieten auf Bäumen nahe Flussläufen wachsend, nicht über 1000 m Höhe.

Wuchsform: Sympodial; Rhizomlänge bis 6 cm; Pseudobulben bis 5 cm lang, meist einblättrig; Blätter bis 25 cm lang.

Blüte: Blütenstand aufrecht bis überhängend, 10–25 cm lang; 3–8 Blüten, 5–6 cm groß.

Besonderheiten: Topf oder Körbchen empfohlen. Schwierig in Kultur. Arten benötigen in der Wachstumsphase viel Wasser, hohe Luftfeuchte und Wärme.

Acampe

LINDLEY 1853

Arten: Etwa 10 Arten.

Beispiele: *Acampe dentata, Acampe pachyglossa, Acampe papillosa, Acampe rigida.*

Verbreitung: Indien, China, Südostasien, Inseln des südindischen Ozeans bis tropisches Afrika. In exponierter Lage an sonnigen Stellen, aber auch in Wäldern und Buschland, 500–900 m Höhe.

Wuchsform: Monopodial; 30–90 cm hohe, z.T. dicht beblätterte Stämme. Blattspanne bis über 50 cm, Blätter sehr hart bis ledrig.

Blüte: Blütenbüschel von 4–6 Blüten, kurzer Stiel, in den Achselhöhlen sitzend; 3–12 Blüten, 0,5–1,5 cm groß.

Besonderheiten: Wüchsig, aber mangels Attraktivität und hohem Platzbedarf nur selten in Kultur.

temp. – warm		temp. – warm
Sch – HS		Sonne
feucht		gering – mäßig
Nein		Nein
AC		ABC

Acanthephippium mantinianum

Acineta densa

Acanthephippium

Blume 1825

Arten: Etwa 15 Arten.

Beispiele: *Acanthephippium javanicum, Acanthephippium mantinianum, Acanthephippium splendidum, Acanthephippium papuanum.*

Verbreitung: Im tropischen Asien, Malaysia bis Philippinen und Fidschi-Inseln. Zumeist terrestrisch im tropischen Regenwald, schattig in 500–1800 m Höhe.

Wuchsform: Sympodial; Pseudobulben länglich, dicht beblättert, 4–12 cm hoch; Blätter krautig, 2–4, kurz gestielt, 20–50 cm lang, 8–15 cm breit.

Blüte: Blütenstand basal entspringend, aufrecht, 5–12 cm lang; 6–12 Blüten, 3–8 cm groß.

Besonderheiten: Ruhephase nach Blattfall, erst nach Wurzelbildung am Neutrieb wieder gießen. Nicht unter 14 °C kultivieren.

Acanthephippium		Acineta
temp. – warm		temp.
Sch – HS		HS
feucht		feucht
Ja		Ja
A		AC

Acineta

Lindley 1843

Arten: Etwa 19 Arten.

Beispiele: *Acineta chrysantha, Acineta densa, Acineta sulcata, Acineta superba.*

Verbreitung: Sdliches Mexiko, Venezuela, Ecuador, Panama, Costa Rica und Peru. Epiphytisch, selten lithophytisch, in 800–2000 m Höhe.

Wuchsform: Sympodial; kräftig. Pseudobulben dichtstehend, bis 10cm hoch; Bätter bis 45 cm lang.

Blüte: Blütenstände meist hängend, selten aufrecht, an der Basis der Pseudobulbe entspringend, traubig; viele Blüten, 5–8 cm groß, Blütenfarbe gelb bis bräunlich, einfarbig bis dunkel getupft. Blüten öffnen sich nicht ganz.

Besonderheiten: Aufgrund der meist hängenden Rispen Kultur im Körbchen oder Ampel nötig.

Ada pozoi

Aerangis biloba

Ada

Lindley 1854

Arten: Etwa 17 Arten.

Beispiele: *Ada allenii, Ada aurantiaca, Ada brachypus, Ada elegantula, Ada euodes.*

Verbreitung: Nicaragua, Venezuela, Kolumbien, Peru und Bolivien. Epiphytisch in Höhenlagen von 400 bis 2200 m im feuchten Regenwald, oder lithophytisch auf felsigen Hängen.

Wuchsform: Sympodial; Pseudobulben bis 10 cm lang, schmal; Blätter schmal, bis 40 cm lang, 3–4 pro Pseudobulbe.

Blüte: Überhängende bis aufrechte Blütenstände meist zu mehreren, dicht mit zahlreichen Blüten besetzt. Blüten 2–12 cm groß, häufig spinnenförmig, orange oder gelbbraun.

Besonderheiten: Kultur meist im temperierten Bereich, selten kühl.

Ada		Aerangis
kühl – temp.		*temp. – warm*
HS		*HS*
feucht		*mäßig*
Nein		*Nein*
A		*AB*

Aerangis

Reichenbach f. 1865

Arten: Etwa 50 Arten.

Beispiele: *Aerangis citrata, Aerangis cryptodon, Aerangis luteoalba* var. *rhodosticta, Aerangis pumilio.*

Verbreitung: Mittleres bis südliches Afrika und Madagaskar. Epiphytisch auf Bäumen im Regenwald oder Savanne wachsend, in 400–2200 m Höhe.

Wuchsform: Monopodial; kurze oder lange, dicht beblätterte Stämme, 1–100 cm hoch; Blätter fleischig bis sukkulent, schmal bis rund, 2–35 cm lang.

Blüte: Infloreszenz waagerecht oder hängend, 1–25 cm lang; 1–20 Blüten, weiß, 2–6 cm groß, Sporn 1–12 cm lang. Nachts häufig stark duftend.

Besonderheiten: Für kleinbleibende Arten Blockkultur empfohlen, ansonsten Topfkultur.

Aeranthes grandiflora

Aerides quinquevulnera

Aeranthes

LINDLEY 1824

Arten: Etwa 40 Arten.

Beispiele: *Aeranthes arachnites, Aeranthes grandiflora, Aeranthes henrici, Aeranthes ramosa.*

Verbreitung: Madgaskar, Komoren, Maskarenen und afrikanisches Festland. Epiphytisch auf Bäumen von Meereshöhe bis 1200 m in feuchten Wäldern wachsend.

Wuchsform: Monopodial; sehr kurze, dicht beblätterte Stämme, 2–15 cm hoch, dicht beblättert; Blatt 20–50 cm lang, ledrig.

Blüte: Hängende, meist bis 1 m lange, z. T. auffällig dünne Blütenstände; mit mehreren, häufig grünlichen Blüten besetzt, die mehrmals mit Einzelblüten austreiben.

Besonderheiten: Auch braune Blütenstiele können nochmal austreiben und blühen, deshalb nicht zu früh abschneiden.

temp. – warm		temp. – warm
HS – Sonne		Sonne
feucht		mäßig
Nein		Nein
A		C

Aerides

LOUREIRO 1790

Arten: Etwa 20 Arten.

Beispiele: *Aerides fieldingii, Aerides houlletiana, Aerides multiflora, Aerides odorata.*

Verbreitung: Südostasien, Borneo und Philippinen. Epiphytisch, hoch auf Bäumen im tropischen Regenwald, von Meereshöhe bis 1300 m.

Wuchsform: Monopodial; Stamm aufrecht, 10–100 cm hoch, zweizeilig mit fleischigen Blättern besetzt; Blätter schmal bis breit, 10–28 cm lang.

Blüte: Blütenstände seitlich, hängend, 15–50 cm lang, dicht besetzt; zahlreiche Blüten, 2–4,5 cm groß, meist duftend.

Besonderheiten: Kultur im Körbchen empfohlen. Im Sommerhalbjahr morgens und abends Blattunterseiten und Wurzeln besprühen.

Amesiella philippinense

Ancistrochilus rothschildianus

Amesiella

Garay 1972

Arten: Wahrscheinlich nur 2 Arten.

Beispiele: *Amesiella philippinense, Amesiella monticola.*

Verbreitung: Nur auf den Philippinen beheimat. Epiphytisch in tropischen Bergwäldern, häufig auf bemoosten Ästen an Waldrändern, in 400–2200 m Höhe.

Wuchsform: Monopodial; wenige, sehr fleischige Wurzeln; Stamm kurz, 1–3 cm hoch, zweizeilig beblättert; Blätter fleischig bis sukkulent, 3–8 cm lang, 2–4 cm breit.

Blüte: Blütenstand waagerecht, 5–12 cm lang, dicht besetzt; 2–6 Blüten, 4–5 cm groß, weiß, gespornt, nachts häufig duftend.

Besonderheiten: Block- und Topfkultur möglich. Gattung ist wärmeliebend. Für gleichmäßige Luftfeuchte sorgen. Vorsicht vor Staunässe!

temp. – warm		*temp. – warm*
HS – Sonne		*HS*
mäßig		*mäßig*
Nein		*Ja*
AB		*AD*

Ancistrochilus

Rolfe 1897

Arten: Etwa 2 Arten.

Beispiele: *Ancistrochilus rothschildianus, Ancistrochilus thomsonianus.*

Verbreitung: Westafrika bis Uganda. Meist epiphytisch, auf glatten Stämmen oder Ästen von großen Bäumen in waldreichen Regionen, in 500–1100 m Höhe.

Wuchsform: Sympodial; Rhizom bis 5 cm lang, kriechend; Pseudobulben bis 5 cm groß; 1–2 endständige Blätter, schmal, krautig, bis 30 cm lang.

Blüte: Blütenstände basal entspringend, aufrecht, 10–25 cm hoch; dicht mit 3–7 rosa Blüten besetzt, 3–4 cm groß.

Besonderheiten: Topfkultur in flachen Schalen empfohlen. Zur Blütezeit laubabwerfend. Bis zum Erscheinen des Neutriebs trockener halten. Neutrieb nicht mit Wasser benetzen.

Ancistrorhynchus cephalotes

Angraecopsis gracillima

Ancistrorhynchus

FINET 1907

Arten: Etwa 22 Arten.

Beispiele: *Ancistrorhynchus capitatus, Ancistrorhynchus cephalotes, Ancistrorhynchus metteniae, Ancistrorhynchus ovatus.*

Verbreitung: Tropisches Afrika. Epiphytisch auf bemoosten Bäumen im tropischen Regenwald wachsend, in 500–1200 m Höhe.

Wuchsform: Monopodial; Stamm aufrecht, 1–4 cm hoch, dicht beblättert; Blätter ledrig, 8–14 cm lang.

Blüte: Blütenstand seitlich entspringend, 15–25 cm lang; zahlreiche Blüten, 0,3–0,6 cm groß, kurz gespornt, weiß bis grünlich, nachts leicht duftend.

Besonderheiten: Topf und Blockkultur möglich, Körbchenkultur vorteilhaft. Vorsicht vor Wasser in den Blattachseln.

Angraecopsis

KRAENZLIN 1900

Arten: Etwa 16 Arten.

Beispiele: *Angraecopsis amaniensis, Angraecopsis breviloba, Angraecopsis gracillima, Angraecopsis parviflora.*

Verbreitung: Tropisches und südliches Afrika, auch Madagaskar und Komoren. Epiphytisch auf bemoosten Bäumen im tropischen Regenwald wachsend, in 300–1600 m Höhe.

Wuchsform: Monopodial; Stamm aufrecht, 1–4 cm hoch, dicht beblättert; Blätter ledrig, 1–8 cm lang.

Blüte: Blütenstand seitlich entspringend, 1–60 cm lang; 3–10 Blüten, Blütengröße 0,6–1,6 cm groß, kurz gespornt, weiß bis grünlich, nachts leicht duftend.

Besonderheiten: Blockkultur empfohlen, aber auch gut in kleinen Töpfen zu kultivieren.

temp. – warm		*temp.*
HS		*HS*
mäßig		*mäßig*
Nein		*Nein*
ABC		*AB*

Angraecum eburneum

Angraecum eichlerianum

Angraecum

Gruppe: dicht beblättert

BORY 1804

Arten: Etwa 120 Arten.

Beispiele: *Angraecum distichum, Angraecum eburneum, Angraecum leonis, Angraecum sesquipedale.*

Verbreitung: Tropisches und südliches Afrika, Madagaskar. Epiphytisch und terrestrisch, im tropischen Regenwald oder in trockenen Gebieten wachsend, in 150–1600 m Höhe.

Wuchsform: Monopodial; Stamm aufrecht, 1–20 cm hoch, dicht beblättert; Blätter ledrig, 1-40 cm lang.

Blüte: Blütenstand seitlich entspringend, 1–40 cm lang; 1–15 Blüten, 0,3–16 cm groß, weiß bis grünlich, 0,4–38 cm langer Sporn. Blüten duften nachts.

Besonderheiten: Blockkultur nur für kleine Arten, ansonsten Kultur im Topf. Einige Arten müssen trockener kultiviert werden.

Angraecum (dicht beblättert)	Angraecum (deutlichen Stamm bildend)
temp. – warm	temp. – warm
HS – Sonne	HS – Sonne
mäßig	mäßig
Nein	Nein
AB	ABC

Angraecum

Gruppe: deutlichen Stamm bildend

BORY 1804

Arten: Etwa 60 Arten und zahlreiche Varietäten.

Beispiele: *Angraecum eichlerianum, Angraecum germinyanum, Angraecum infundibulare, Angraecum scottianum.*

Verbreitung: Madagaskar, selten tropisches und südliches Afrika. Epiphytisch im tropischen Regenwald wachsend, in 400–2000 m Höhe.

Wuchsform: Monopodial; Stamm aufrecht, 5–120 cm hoch, basal verzweigend, locker zweizeilig beblättert; Blätter fleischig, 5–12 cm lang.

Blüte: Meist 2–3 Blüten pro Infloreszenz, jeweils 3–8 cm groß, 3–10 cm langer Sporn. Blüte ist weiß und duftet nachts.

Besonderheiten: Kletterhilfen wie Stäbe sind für großwachsende Arten erforderlich.

Anguloa clowesii

Ansellia africana

Anguloa

Ruiz & Pavon 1794

Arten: Etwa 8–12 Arten.
Beispiele: *Anguloa cliftonii, Anguloa clowesii, Anguloa uniflora, Anguloa virginalis.*
Verbreitung: Venezuela, Kolumbien, Ecuador und Peru. Epiphytisch und terrestrisch wachsend, in Höhenlagen von 500 bis 1500 m.
Wuchsform: Sympodial; Rhizom 3–6 cm lang; Pseudobulben 8–15 cm hoch, eiförmig; 1–2 endständige, krautige Blätter, 40–100 cm lang, 8–16 cm breit.
Blüte: Infloreszenz aufrecht, 10–20 cm hoch; 8–12 cm große, fast tulpenförmige Einzelblüten, pro Bulbe mehrere Einzelblüten.
Besonderheiten: Im Winter laubabwerfend, dann kühl und trocken halten. Erst nach Erscheinen der Neutriebe wieder kräftig gießen und düngen.

kühl – temp.		*temp. – warm*
Sch – HS		*HS – Sonne*
feucht		*mäßig*
Ja		*Ja*
A		*A*

Ansellia

Lindley 1844

Arten: Je nach Autor 1–3 Arten.
Beispiele: *Ansellia africana, Ansellia gigantea, Ansellia nilotietwa.*
Verbreitung: Im tropischen und südwestlichen Afrika. Zumeist terrestrisch in Küstennähe oder an Flusstälern wachsend, meist bis 800 m Höhe, auch bis 2200 m.
Wuchsform: Sympodial; büschelig, Pseudobulben zylindrisch, aufrecht, bis zu 1 m hoch, oben locker zweizeilig beblättert; Blätter ledrig, 10–20 cm lang.
Blüte: Blütenstiele endständig, aufrecht bis überhängend, 40–120 cm lang, verzweigend; zahlreiche Blüten, 3–6 cm groß.
Besonderheiten: *Ansellia* ist als Leopardenorchidee bekannt. Alle Arten benötigen viel Platz. Im Winter kühler und trockener halten, im Sommer ins Freie stellen.

Appendicula spec.

Arachnanthe clarkei

Appendicula

Blume 1825

Arten: Etwa 40 Arten.

Beispiele: *Appendicula biumbonata, Appendicula cornuta, Appendicula elegans.*

Verbreitung: Neuguinea, Südostasien, Indonesien und Philippinen. Epiphytisch meist an der Unterseite von Ästen wachsend im tropischen Regenwald, in 50–2000 m Höhe.

Wuchsform: Sympodial; büschelig, Stämme 20–30 cm lang, dicht zweizeilig beblättert; Blätter 1–4 cm lang, dünn oder fleischig.

Blüte: Blütenstände terminal oder seitlich entspringend, aufrecht oder hängend, 5–25 cm lang; selten Einzelblüten, meist dicht besetzt, nacheinander öffnend, Blüte 0,5–2 cm groß.

Besonderheiten: Blockkultur empfohlen. Die Kultur im Topf ist aufgrund der Wuchsform schwierig.

Appendicula		Arachnanthe
temp. – warm		warm
Sch – HS		Sonne
feucht		mäßig
Nein		Nein
AB		AC

Arachnanthe

Blume 1828

Arten: Wahrscheinlich nur 2 Arten.

Beispiele: *Arachnanthe cathcartii, Arachnanthe clarkei.*

Verbreitung: Himalaja, Myanmar, Thailand und Südchina. Meist an Bäumen hochkletternd, in Höhenlagen von 1000–1500 m.

Wuchsform: Monopodial; aufrecht, lange, kräftige, beblätterte, verzweigende Stämme, bis über 3 m hoch; Blätter fleischig, zweizeilig angeordnet, bis 40 cm Blattspanne.

Blüte: Mehrere aufrechte bis hängende Blütenrispen, bis 50 cm lang; 3–6 Blüten, bis zu 8 cm groß, kräftige Textur, meistens duftend.

Besonderheiten: Aufgrund der Größe schwierig in Kultur. Pflanzen lassen sich aber durch Kopfstecklinge kompakt halten.

Arachnis maingayi

Arpophyllum spicatum

Arachnis

BLUME

Arten: Etwa 7 Arten.

Beispiele: *Arachnis beccarii, Arachnis flos-aëris, Arachnis labrosa, Arachnis longicaulis.*

Verbreitung: Südostasien, Indonesien, Philippinen, Neuguinea und auf den Salomon Inseln. Meist terrestrisch an Bäumen kletternd im tropischen Regenwald, in 100–1500 m Höhe.

Wuchsform: Monopodial; lange, kräftige, beblätterte, verzweigende Stämme, bis über 3 m Höhe; Blätter zweizeilig angeordnet, bis 40 cm Blattspanne.

Blüte: Mehrere aufrechte bis hängende Blütenrispen, bis 1,50 m lang; Blüten bis 10 cm groß, kräftige Textur, meistens duftend.

Besonderheiten: Aufgrund der Größe schwierig in Kultur. Pflanzen lassen sich aber durch Kopfstecklinge kompakt halten.

warm		*temp. – warm*
Sonne		*HS*
mäßig		*mäßig*
Nein		*Ja*
AC		*A*

Arpophyllum

LA LLAEVE & LEXARZA 1825

Arten: Etwa 5 Arten.

Beispiele: *Arpophyllum alpinum, Arpophyllum giganteum, Arpophyllum laxiflorum, Arpophyllum spicatum.*

Verbreitung: Mexiko bis Kolumbien, auch Jamaika. Meist terrestrisch, selten epiphytisch wachsend, nicht höher als 1600 m vorkommend.

Wuchsform: Rhizom kurz, häufig verzweigend; Pseudobulben verhärtet, stammähnlich; einblättrig, Blatt schmal, fleischig, länglich, insgesamt bis über 50 cm hoch.

Blüte: Endständige Blütenstiele, traubig und sehr auffällig; zahlreiche kleine Blüten, rosa bis violette Farbe.

Besonderheiten: Leicht durch vegetative Teilung vermehrbar. Pflanzen nur dann umpflanzen, wenn der Neutrieb Wurzeln schiebt.

Ascocentrum miniatum

Aspasia lunata

Ascocentrum

SCHLECHTER ex. J. J. SMITH 1914

Arten: 5–7 Arten.

Beispiele: *Ascocentrum miniatum, Ascocentrum curvifolium, Ascocentrum christensonianum, Ascocentrum ampullaceum.*

Verbreitung: Südostasien, Indonesien bis Philippinen. Epiphytisch im tropischen Regenwald auf Bäumen wachsend, Höhenlagen von 300–900 m.

Wuchsform: Monopodial; Stamm aufrecht, 4–20 cm hoch, dicht zweizeilig beblättert; Blätter sukkulent, steif, 10–20 cm lang.

Blüte: Blütenstand seitlich entspringend, aufrecht, 10–25 cm hoch, dicht besetzt; 10–40 Blüten, 1–3 cm groß.

Besonderheiten: Kultur im Körbchen empfohlen. Blattunterseiten und Wurzeln morgens und abends regelmäßig besprühen.

Aspasia

LINDLEY 1832

Arten: Etwa 7–10 Arten.

Beispiele: *Aspasia epidendroides, Aspasia lunata, Aspasia principissa, Aspasia silvana.*

Verbreitung: Von Nicaragua bis Brasilien. Epiphytisch oder lithophytisch in tropischen Wäldern wachsend, oft auf überhängenden Ästen entlang von Wasserläufen, in 50–1000 m Höhe.

Wuchsform: Sympodial; kurzes Rhizom, 1–1,5 cm lang, dicht beblätterte, bis 12 cm hohe, elliptische, flache Pseudobulben; 1–2 endständige Blätter, schmal, selten länger als 25 cm.

Blüte: Blütenstand an der Basis der Pseudobulbe entspringend, aufrecht, 15–45 cm lang; 1–5 Blüten, 4–8 cm groß.

Besonderheiten: Topfkultur empfohlen, Blockkultur ist möglich.

Ascocentrum		Aspasia
warm		temp.
Sonne		Sch – HS
mäßig		feucht
Nein		Nein
AC		AB

Baptistonia echinata

Barbosella orbicularis

Baptistonia

BARBOSA RODRIGUEZ 1877

Arten: Monotypisch, nur 1 Art.
Beispiele: *Baptistonia echinata.*
Verbreitung: Brasilien. Epiphytisch im tropischen Regenwald auf dünnen, bemoosten Ästen wachsend, in der Nähe von Bachläufen.
Wuchsform: Sympodial; Rhizome sehr kurz; Pseudobulben zylindrisch, bis zu 10 cm hoch, einblättrig; Blatt ledrig, schmal, bis zu 12 cm hoch.
Blüte: Blütenstände aus den Achseln der basalen Scheiden aufsteigend, dann überhängend, 15–65 cm lang, bei größeren Pflanzen verzweigend; sehr viele Blüten, bis zu 3 cm groß.
Besonderheiten: Blockkultur vorteilhaft, Topfkultur in kleinen Töpfen möglich. Für konstant hohe Luftfeuchte sorgen. Ruhephase fehlt.

temp. – warm		*kühl – temp.*
HS		*Sch – HS*
feucht		*feucht*
Nein		*Nein*
AB		*B*

Barbosella

SCHLECHTER 1918

Arten: Etwa 20 Arten.
Beispiele: *Barbosella australis, Barbosella cucullata, Barbosella handroi, Barbosella prorepens.*
Verbreitung: Costa Rica, Brasilien, südwärts bis Argentinien. Epiphytisch auf Bäumen im Regenwald oder Nebelwald wachsend, in 1450–3500 m Höhe.
Wuchsform: Zwergepiphyten, Pflanze etwa 5–8 cm hoch. Sympodial; Rhizom kriechend, stark verzweigend; stammähnliche Pseudobulben, meist einblättrig.
Blüte: Blütenstand aufrecht, 4–15 cm hoch; mehrere zierliche Einzelblüten, 1–2 cm groß.
Besonderheiten: Blockkultur empfohlen. Für konstant hohe Luftfeuchte sorgen. Ruhephase fehlt. Einige Arten müssen kühl gehalten werden, andere temperiert.

Barkeria lindleyana

Batemania colleyi

Barkeria

KNOWLES & WESTCOTT 1838

Arten: Etwa 15 Arten.

Beispiele: *Barkeria cyclotella, Barkeria lindleyana, Barkeria skinneri, Barkeria spectabilis.*

Verbreitung: Mittelamerika, Mexiko, Costa Rica und Guatemala. Epiphytisch und lithophytisch in Höhenlagen von 1000–3000 m.

Wuchsform: Sympodial; Rhizome kurz bis lang; Stämme aufrecht, 2–30 cm hoch, locker zweizeilig, endständig beblättert; Blätter krautig, schmal, 2–8 cm lang.

Blüte: Blütenstand terminal, aufrecht, 2–35 cm hoch, locker bis dicht besetzt; 1–25 Blüten im oberen Bereich, Blüte 1–5 cm groß.

Besonderheiten: Blockkultur empfohlen. Laubabwerfend während oder nach der Blüte, erst beim Erscheinen des Neutriebes feuchter halten.

Barkeria		Batemania
temp. – warm		temp. – warm
HS – Sonne		Sch – HS
mäßig		mäßig
Ja		Nein
AB		A

Batemania

LINDLEY 1834

Arten: Etwa 4 Arten.

Beispiele: *Batemania armillata, Batemania ciliata, Batemania colleyi, Batemania peruviana.*

Verbreitung: Venezuela, Kolumbien, Brasilien und Bolivien. Epiphytisch, selten terrestrisch im Regenwald wachsend, in 200–1200 m Höhe, eine Art auch höher.

Wuchsform: Sympodial; Rhizom 2–4 cm lang; Pseudobulben eiförmig, 2–6 cm hoch; zwei gipfelständige Blätter, Blätter lanzettlich, 15–30 cm hoch.

Blüte: Blütenstand an der Basis entspringend, aufrecht bis überhängend; 3–9 Blüten, dicht beieinanderstehend, 2,5–7,5 cm groß.

Besonderheiten: Topfkultur vorteilhaft. Bei guter Kultur wachsen die Pflanzen schnell in die Breite und benötigen Platz.

Bifrenaria harrisoniae

Bletilla formosana var. alba

Bifrenaria

LINDLEY 1832

Arten: Etwa 12–15 Arten

Beispiele: *Bifrenaria atropurpurea, Bifrenaria harrisoniae, Bifrenaria tetragona, Bifrenaria tyrianthina.*

Verbreitung: Tropisches Mittelamerika und nördliches Südamerika bis Peru und Brasilien. Epiphytisch oder terrestrisch, in 500–2000 m Höhe.

Wuchsform: Sympodial; Rhizom kurz; Pseudobulben stark fleischig und fest, bis zu 8 cm hoch; ein- bis zweiblättrig, Blätter hart, ledrig, bis zu 40 cm hoch und 15 cm breit.

Blüte: Blütenstand basal entspringend, 5–16 cm hoch; 3–5 Blüten; bis zu 7 cm groß, sehr feste Textur.

Besonderheiten: Wüchsig, aber blühfaul. Evtl. Kühlphase zur Blüteninduktion erforderlich. Im Winter trocken halten.

Bifrenaria		Bletilla
temp. – warm		kühl
HS – Sonne		Sch
mäßig		mäßig
Ja		Ja
A		E

Bletilla

REICHENBACH f. 1878

Arten: Etwa 9 Arten.

Beispiele: *Bletilla formosana, Bletilla ochracea, Bletilla striata, Bletilla roezlii.*

Verbreitung: Östliches Asien, Taiwan und auf den umliegenden Inseln. Terrestrisch auf feuchten Wiesen wachsend.

Wuchsform: Sympodial; kugelförmige, unterirdische Knolle; Stämme von 3–4 länglich lanzettlichen Blättern ummantelt; bis 45 cm hoch.

Blüte: Blütenstand gipfelbürtig, aufrecht, mehrblütig; bis zu 10 Blüten, 3–6 cm groß, von weißer, gelber oder rosa-violetter Farbe.

Besonderheiten: Diese Orchideen vertragen leichten Frost. Töpfe oder Knollen an geschützter Stelle trocken überwintern. Knollen dürfen nicht eintrocknen. Nach Erscheinen des Blütentriebs düngen und gießen.

Bollea ecuadoriense

Brassavola flagellaris

Bollea

REICHENBACH f. 1852

Arten: 8–11 Arten.

Beispiele: *Bollea coelestis, Bollea hirtzii, Bollea lawrenceana, Bollea violacea.*

Verbreitung: In den Tropen Brasiliens, Ecuadors und Kolumbiens. Epiphytisch in 900–1900 m Höhe in luftfeuchten Tropenwäldern wachsend.

Wuchsform: Sympodial; büschelig wachsend; bulbenlos; Blätter krautig, fächerartig, 20–40 cm lang, 4–6 cm breit.

Blüte: Blütenstände aus den Blattachsen entspringend, aufrecht; Einzelblüte, 6–9 cm groß, mit sehr fester Textur. Pflanzen blühen mehrmals aus verschiedenen Blattachsen.

Besonderheiten: Die Pflanzen nie ganz austrocknen lassen. Vorsicht bei hohen Düngegaben. Im Sommer nicht in die direkte Sonne.

Bollea		Brassavola
temp.–warm		temp. – warm
Sch – HS		Sonne
feucht		gering – mäßig
Nein		Nein
A		AB

Brassavola

R. BROWN 1813

Arten: Etwa 15 Arten.

Beispiele: *Brassavola cordata, Brassavola cucullata, Brassavola flagellaris, Brassavola nodosa.*

Verbreitung: Tropisches Mittelamerika, Mexiko, Westindische Inseln, Argentinien und Brasilien. Epiphytisch, selten lithophytisch, von Meereshöhe bis 1800 m.

Wuchsform: Sympodial; Pseudobulben meist aufrecht oder hängend, 2–12 cm lang; Blätter flach oder stielrund, 5–20 cm lang.

Blüte: Einzelblüten oder Trauben mit 3–15 Blüten, bis zu 10 cm groß, weiß, Lippe trompetenförmig oder spitz. Pflanzen duften nachts.

Besonderheiten: Blockkultur vorteilhaft. Bei Topfkultur auf Staunässe achten. Arten benötigen z. T. hohe Lichtintensität zur Blütenbildung.

Brassia verrucosa

Brassia

R. BROWN 1813

Arten: Etwa 25 bis 30 Arten.

Beispiele: *Brassia caudata, Brassia gireoudeana, Brassia lawrenceana, Brassia verrucosa.*

Verbreitung: Im tropischen, regenreichen Amerika, Karibik, Mittel- bis Südamerika. Epiphytisch auf bemoosten Bäumen wachsend, von Meereshöhe bis 1500 m.

Wuchsform: Sympodial; kräftige Rhizome, 5–12 cm lang, kletternder Wuchs; Pseudobulben 4–15 cm hoch; Blätter krautig, länglich-elliptisch, 12–40 cm groß.

Blüte: Basal entspringend, aufrecht bis gebogen; bis zu 20 Blüten. 10–30 cm groß, spinnenartig, gelegentlich duftend.

Besonderheiten: Auch Spinnenorchidee genannt. Einige Arten sind blühunwillig, Blüteninduktion noch nicht geklärt.

temp.	warm
HS	Sonne
feucht	mäßig
Ja/Nein	Nein
AB	AB

Broughtonia sanguinea

Broughtonia

R. BROWN 1813

Arten: 2 Arten.

Beispiele: *Broughtonia sanguinea, Broughtonia negrilensis.*

Verbreitung: Jamaika, Kuba und Dominikanische Republik. Epiphytisch vorwiegend an den Küsten wachsend, selten bis zu 800 m Höhe.

Wuchsform: Sympodial; Rhizome 1–2 cm lang; 3–6 cm große, flachliegende Pseudobulben büschelig angeordnet; 1–2 endständige Blätter, fleischig, 8–15 cm lang.

Blüte: Blütenstand gipfelbürtig, aufrecht gebogen, verzweigend, 20–60 cm lang; 3–12 endständige Blüten, bis zu 4 cm Durchmesser, hintereinander öffnend. Kann aus den Augen des Blütenstiels mehrmals austreiben.

Besonderheiten: Sehr empfindlich gegen Staunässe. Blockkultur empfohlen.

Bulbophyllum pardalotum

Bulbophyllum cupreum

Bulbophyllum

THOUARS

Arten: Weit über 1500 Arten.
Beispiele: Unterteilt in über 80 Sektionen, eine Auswahl folgt auf den nächsten Seiten.
Verbreitung: Südostasien, Südamerika, Afrika und Australien. Epiphytisch, lithophytisch, terrestrisch wachsend.
Wuchsform: Rhizome kurz bis lang; deutliche Pseudobulben, 0,2–20 cm; 1–2 endständige Blätter, 0,2–200 cm lang.
Blüte: Eine bis viele Blüten, 0,2–50 cm groß. Sehr große Farben- und Formenvielfalt, duftend bis übelriechend.
Besonderheiten: Block-, Körbchen- und Topfkultur möglich. Die Neutriebe müssen oftmals angebunden oder zurückgetopft werden. Ausgewachsene Pflanzen lassen sich leicht teilen, die Teilstücke sollten aus 3–4 Bulben bestehen.

temp. – warm		*temp. – warm*
Sch – Sonne		*HS – Sonne*
mäßig – feucht		*mäßig*
Ja/Nein		*Nein*
ABCD		*BCD*

Bulbophyllum
Gruppe: *Careyana*

THOUARS 1822

Arten: Zwischen 50 und 100 Arten.
Beispiele: *Bulbophyllum careyanum, Bulbophyllum cupreum, Bulbophyllum lilacinum, Bulbophyllum orientale.*
Verbreitung: Weit verbreitet in Südostasien, Südamerika und Afrika. Epiphytisch wachsend.
Wuchsform: Zumeist lange Rhizome; eiförmige Pseudobulben, 1–4 cm im Durchmesser; 1 endständiges Blatt, 7–15 cm lang.
Blüte: Blütenstand 12–20 cm lang, zylindrisch, gebogen, traubig, dicht besetzt; viele Blüten, Blüte nur 0,3–0,8 cm klein.
Besonderheiten: Pflanzen wachsen aufgrund langer Rhizome sehr ausufernd, daher ist Topfkultur schwierig, Block- oder Körbchenkultur vorteilhaft. Gut durch Teilung zu vermehren.

Bulbophyllum longissimum

Bulbophyllum grandiflorum

Bulbophyllum

Gruppe: *Cirrhopetaloides*

THOUARS

Arten: Zwischen 40 und 80 Arten.

Beispiele: *Bulbophyllum longissimum, Bulbophyllum rothschildianum, Bulbophyllum tingabarinum, Bulbophyllum wendlandianum.*

Verbreitung: Weit verbreitet in den Tropen Südostasiens. Epiphytisch wachsend.

Wuchsform: Zumeist längere Rhizome; eiförmige Pseudobulben 1–4 cm im Durchmesser; einblättrig, 7–15 cm lang.

Blüte: Blütenstand seitlich, 12–20 cm lang, hängend; seitliche Sepalen dominant, bis zu 25 cm lang, Petalen und Lippe eher klein. Pflanzen blühen mehrmals pro Bulbe.

Besonderheiten: Aufgrund überhängender Rispen hängend kultivieren. Kultur im Körbchen vorteilhaft, Blockkultur möglich.

temp. – warm		*temp. – warm*
HS		*HS*
mäßig		*mäßig*
Nein		*Nein*
BC		*CD*

Bulbophyllum

Gruppe: *Hyalosema*

THOUARS 1822

Arten: Zwischen 45 und 60 Arten.

Beispiele: *Bulbophyllum antenniferum, Bulbophyllum arfakianum, Bulbophyllum grandiflorum, Bulbophyllum micholitzii.*

Verbreitung: Papua-Neuguinea und Indonesien. Epiphytisch oder lithophytisch im tropischen Regenwald, selten über 500 m Höhe.

Wuchsform: Zumeist deutliche Rhizome, 2–6 cm lang; eiförmige Bulben, 4–6 cm im Durchmesser; 1 endständiges Blatt, 5–25 cm lang.

Blüte: Blütenstand basal, aufrecht, 10–25 cm lang; Einzelblüten, 5–15 cm groß, auffällige Fenster in den Blütenblättern.

Besonderheiten: Kultur in flachen Schalen oder Körbchenkultur aufgrund langer Rhizome empfohlen.

Bulbophyllum orthostates

Bulbophyllum phalaenopsis

Bulbophyllum
Gruppe: *Lepidorhiza*
Thouars 1822

Arten: Zwischen 60 und 80 Arten.
Beispiele: *Bulbophyllum carunculatum, Bulbophyllum trigonosepalum, Bulbophyllum tridentatum, Bulbophyllum sulawesii.*
Verbreitung: Papua-Neuguinea, Indonesien und Philippinen. Epiphytisch auf Bäumen, halbschattig im tropischen Regenwald, bis zu 500 m Höhe.
Wuchsform: Kurze Rhizome, büschelig; ei-förmige Bulben, 3–7 cm im Durchmesser; ein endständiges, fleischiges Blatt, 8–30 cm lang.
Blüte: Aufrechte Infloreszenz, bis zu 50 cm hoch; mehrere Blüten, 4–17 cm groß. Blüten öffnen sich nacheinander, lange Blühdauer.
Besonderheiten: Gut in Töpfen oder flachen Schalen zu kultivieren.

Lepidorhiza		*Macrobulbon*
temp. – warm		*warm*
HS – Sonne		*HS*
mäßig		*mäßig*
Nein		*Nein*
AD		*A*

Bulbophyllum
Gruppe: *Macrobulbon*
Thouars 1822

Arten: Zwischen 10 und 12 Arten.
Beispiele: *Bulbophyllum agastor, Bulbophyllum macrobulbum, Bulbophyllum phalaenopsis, Bulbophyllum spiesii.*
Verbreitung: Borneo und Papua-Neuguinea. Epi- und lithophytisch auf bemoosten Steinen oder Stämmen im tropischen Regenwald, meist bis 500 m, selten bis 1600 m Höhe.
Wuchsform: Kurze Rhizome; kräftige Bulben, 5–20 cm im Durchmesser; ein endständiges, sehr fleischiges Blatt, 25–200 cm lang.
Blüte: Dichte Trauben mit kurz gestielten, behaarten Blüten, meist rötlich-braun, 2–15 cm groß, häufig übelriechend.
Besonderheiten: Kultur im Topf empfohlen. Die Pflanzen werden sehr groß und schwer.

Bulbophyllum kewensis

Bulbophyllum lobbii

Bulbophyllum
Gruppe: *Megaclinium*
THOUARS

Arten: Zwischen 20 und 45 Arten.

Beispiele: *Bulbophyllum cochleatum, Bulbophyllum falcatum, Bulbophyllum maximum, Bulbophyllum purpureorhachis.*

Verbreitung: Südostasien, Südamerika, Afrika, Australien. Epiphytisch, auf Bäumen, im offenen Waldland oder in Nähe von Wasserläufen vorkommend.

Wuchsform: Kurze bis lange Rhizome; eiförmige Pseudobulben, 1–4 cm im Durchmesser, 1–2 endständige Blätter, 7–15 cm lang.

Blüte: Blütenstand aufrecht bis überhängend, deutliche Rhachis; beidseitig zahlreiche, 2–5 mm große Blüten

Besonderheiten: Blockkultur oder Kultur in flachen Schalen empfohlen.

Megaclinium	*Sestochilos*
temp.	*temp. – warm*
HS – Sonne	*HS*
mäßig	*mäßig*
Nein	*Nein*
ACD	*ABCD*

Bulbophyllum
Gruppe: *Sestochilos*
THOUARS

Arten: Zwischen 50 und 100 Arten.

Beispiele: *Bulbophyllum claptonense, Bulbophyllum lobbii, Bulbophyllum polystictum, Bulbophyllum sumatranum.*

Verbreitung: Südostasien, Indonesien bis Philippinen. Epiphytisch im tropischen Regenwald, häufig auf bemoosten Stämmen, in 700–2200 m Höhe.

Wuchsform: Rhizome 3–7 cm lang; eiförmige Bulben, 2–5 cm hoch; meist ein endständiges, fleischiges Blatt, 8–25 cm lang.

Blüte: Blütenstand aufrecht, 10–25 cm hoch; meist Einzelblüten, 8–12 cm groß. Häufig an alten Bulben blühend.

Besonderheiten: Kultur im Topf oder flachen Schalen empfohlen, aufgebunden oder im Körbchen jedoch möglich.

Cadetia collina

Caladenia chapmanii

Cadetia

Gaudichaud 1829

Arten: Etwa 50 Arten.

Beispiele: *Cadetia ceratostyloides, Cadetia chionantha, Cadetia taylori, Cadetia transversilobia.*

Verbreitung: Hauptsächlich Papua-Neuguinea, aber auch Indien, Indonesien und Australien. Epiphytisch im tropischen Regenwald, in 800–1900 m Höhe.

Wuchsform: Zwergepiphyten; sympodial; Rhizom kriechend, büschelig, stark verzweigend; stammähnliche Pseudobulben, 5–8 cm hoch; meist einblättrig, Blätter fleischig, 1–2 cm lang.

Blüte: Blütenstand blattachselbürtig, 1–5 cm lang, aufrecht; mehrere zierliche Einzelblüten, 1–2 cm groß.

Besonderheiten: Blockkultur empfohlen. Für konstant hohe Luftfeuchte sorgen, Pflanzen reagieren auf Trockenheit.

Cadetia	Caladenia
temp. – warm	kühl
HS	Sonne
feucht	feucht
Nein	Ja
B	E

Caladenia

Brown 1810

Arten: Über 80 Arten.

Beispiele: *Caladenia alpina, Caladenia australis, Caladenia cristata, Caladenia vulgaris.*

Verbreitung: Von Neuseeland über Australien bis Malaysia. Terrestrisch im Buschland oder in lichten Wäldern auf Sandböden bis über 1800 m Höhe vorkommend.

Wuchsform: Sympodial; einblättrig aus verdickten Wurzeln enstpringend, Blatt krautig, schmal, ungestielt, 4–8 cm lang.

Blüte: Blütenstand endständig, 20–45 cm lang, aufrecht; 1–8 Blüten, 2–4 cm im Durchmesser, vielfarbig.

Besonderheiten: Im sandigen Substrat kultivieren. Im Frühjahr feucht halten, dabei beim Gießen nicht die Blätter benetzen. Nach der Blüte kühl und trocken überwintern.

Calanthe discolor

Calanthe vestita

Calanthe

Gruppe: *Veratrifoliae*

R. Brown 1821

Arten: Über 100 Arten.

Beispiele: *Calanthe ceciliae, Calanthe discolor, Calanthe tricarinata, Calanthe veratrifolia.*

Verbreitung: Weit verbreitet auf der Nord- und Südhalbkugel der Erde mit Schwerpunkt Südostasien. Terrestrisch häufig in Humusnestern auf Kalkböden, in 500–2000 m Höhe.

Wuchsform: Sympodial; büschelig, keine oder sehr kleine Pseudobulben; breite, krautige, bis 60 cm lange Blätter.

Blüte: Terminal, aufrecht, 20–60 cm hoch, im oberen Drittel dicht besetzte Blütenstände; Blüte 3–7 cm groß, zum Teil nacheinander aufblühend.

Besonderheiten: Diese Gruppe ist fast winterhart. Substrat sollte nie ganz austrocknen.

kühl – temp.		kühl – temp.
HS		Sch – HS
feucht		mäßig
Ja		Ja
A (E)		A

Calanthe

Gruppe: *Vestitae*

R. Brown 1821

Arten: Über 100 Arten.

Beispiele: *Calanthe cardioglossa, Calanthe rubens, Calanthe sylvatica, Calanthe vestita.*

Verbreitung: Weit verbreitet, Schwerpunkt in Südostasien. Meistens terrestrisch, nur selten epiphytisch, in Höhenlagen von 500 bis über 2000 m.

Wuchsform: Sympodial; büschelig, deutliche fleischige Pseudobulben; 4–9 cm hoch; gefaltete, krautige Blätter über 50 cm lang, laubabwerfend.

Blüte: Blütenstand basal entspringend, aufrecht überhängend, im oberen Drittel traubig, dicht besetzt; Blüten 3–5 cm groß.

Besonderheiten: Kühl, aber frostfrei und trocken überwintern, erst nach Erscheinen des Neutriebes gießen.

Capanemia uliginosa

Catasetum fimbriatum

Capanemia

BARBOSA RODRIGUEZ 1877

Arten: Etwa 15 Arten.

Beispiele: *Capanemia adelaide, Capanemia micromera, Capanemia superflua, Capanemia uliginosa.*

Verbreitung: Brasilien, Paraguay und Argentinien. Epiphytisch im tropischen Regenwald, in 500–1000 m Höhe.

Wuchsform: Zwergepiphyten; sympodial; Rhizom kriechend, büschelig; Pflanze 5–8 cm hoch; stammähnliche Pseudobulben; ein- bis zweiblättrig, flach oder nadelförmig.

Blüte: Blütenstände terminal, meist aufrecht; dicht besetzt mit meist weißen Blüten, 0,5–1 cm groß.

Besonderheiten: Blockkultur unter warmen Temperaturbedingungen empfohlen. Nach Ende des Wachstums etwas trockener halten.

Catasetum

KUNTH 1822

Arten: Etwa 50 Arten.

Beispiele: *Catasetum barbatum, Catasetum fimbriatum, Catasetum integerrinum, Catasetum pileatum.*

Verbreitung: Tropisches Mittel- und Südamerika, westindische Inseln. Epiphytisch in 0–1600 m Höhe wachsend.

Wuchsform: Pseudobulben fleischig und mehrknotig, bis zu 15 cm hoch; Blätter endständig, bis 40 cm lang und 10 cm breit.

Blüte: Meist 1–5 Blüten an aufrechtem Stiel. Männliche Blüten (bei schattiger Kultur) bizarr geformt, farblich vielfältig, 6–10 cm groß. Weibliche Blüten (bei viel Licht) grünlich, einander ähnlich, 4–12 cm groß.

Besonderheiten: Bulben im Winter trocken halten, erst nach Wurzelbildung gießen. Duft!

Capanemia		Catasetum
warm (temp.)		temp.
HS		Sch – Sonne
mäßig		mäßig
Nein		Ja
AB		ABC

Cattleya loddigesii

Cattleya
Gruppe: zweiblättrig
Lindley 1821

Arten: Etwa 30 Arten, zahlreiche Varietäten.
Beispiele: *Cattleya aclandiae, Cattleya forbesii, Cattleya intermedia, Cattleya schilleriana.*
Verbreitung: Tropisches Mittel- und Südamerika. Epiphytisch hoch auf Bäumen, selten lithophytisch wachsend, von Meereshöhe bis 1500 m, meist an hellen Standorten.
Wuchsform: Rhizom kurz bis lang; lange, dünne Bulben, bis über 1 m hoch; zwei endständige Blätter, Blattspanne bis 30 cm.
Blüte: Blütenstand endständig, aufrecht, 4–20 cm hoch; 2–8 Blüten, feste Textur, 5–12 cm groß.
Besonderheiten: Nach der Blüte bis zum Erscheinen des Neutriebes etwas trockener halten. Topf-, Block- und Körbchenkultur möglich.

Gruppe: zweiblättrig		Gruppe: einblättrig
temp. – warm		*temp.*
HS – Sonne		*HS – Sonne*
mäßig		*mäßig*
Nein		*Ja*
ABC		*ABC*

Cattleya maxima

Cattleya
Gruppe: einblättrig
Lindley 1821

Arten: Etwa 20 Arten, zahlreiche Varietäten.
Beispiele: *Cattleya dowiana, Cattleya gaskelliana, Cattleya labiata, Cattleya luteola.*
Verbreitung: Tropisches Mittel- und Südamerika. Epiphytisch, auch in kühleren und trockenen Gebieten, meist in Baumwipfeln, in 250–2500 m Höhe.
Wuchsform: Wurzeln fleischig; Rhizome 2–5 cm lang; keulenförmige Bulben, etwa 5–20 cm hoch; ein sukkulentes Blatt, 15–25 cm hoch.
Blüte: Blütenstiel endständig, 5–15 cm hoch; 2–8 Blüten, 5–20 cm groß, Lippe auffallend, duftend.
Besonderheiten: Topf-, Block- und Körbchenkultur möglich. Einige Arten brauchen strikte Ruhephase im Winter, um zu blühen.

Caucaea phalaenopsis

Caularthron bicornutum

Caucaea

Schlechter 1920

Arten: Über 10 Arten.

Beispiele: *Caucaea cucullata, Caucaea dayana, Caucaea olivaceum, Caucaea phalaenopsis, Caucaea radiata.*

Verbreitung: In den Anden Venezuelas, Kolumbiens und Ecuadors. Epiphytisch im tropischen Nebelwald, in 2000–4000 m Höhe.

Wuchsform: Rhizome eher kurz, büschelig; Pseudobulben 3–6 cm hoch; von schmalen, lanzettlichen Blättern umschlossen, sowie ein endständiges Blatt, 15–30 cm lang.

Blüte: Blütenstand basal entspringend, 15–35 cm lang, aufrecht; meist 3–10 Blüten.

Besonderheiten: Empfindlich gegen trockene Luft und Wärme.

Anmerkung: Die Typusart entspricht nicht den aus *Oncidium* überführten Mitgliedern dieser Gattung, eine Umbenennung ist sehr wahrscheinlich.

kühl – temp.	*temp. – warm*
Sch – HS	*Sonne*
feucht	*gering*
Ja	*Nein*
AB	*AB*

Caularthron

Rafinesque 1837

Arten: 3 Arten.

Beispiele: *Caularthron bicornutum, Caularthron bilamellatum, Caularthron indivisum.*

Verbreitung: Südamerika bis Trinidad. Zumeist lithophytisch auf Felsen an Wasserläufen, selten epiphytisch an sonnigen Stellen wachsend, von Meereshöhe bis 700 m.

Wuchsform: Kurze Rhizome; Pseudobulben schlank, aufrecht, 10–30 cm hoch; 2–3 endständige Blattpaare; Blätter sukkulent, schmal, bis 8 cm lang.

Blüte: Blütenstand terminal, aufrecht, 8–20 cm hoch, locker besetzt; 3–8 Blüten, 3–5 cm groß, weiß.

Besonderheiten: Diese Arten leben in der Natur mit Ameisen zusammen, die sich in den hohlen, aufgeplatzten Bulben niederlassen.

Ceratostylis rubra

Chamaeangis hariotiana

Ceratostylis
BLUME 1825

Arten: Etwa 60 Arten.
Beispiele: *Ceratostylis himalaica, Ceratostylis philippinensis, Ceratostylis retisquama, Ceratostylis subulata.*
Verbreitung: Indien, Südostasien, Philippinen und Pazifische Inseln. Epiphytisch im tropischen Regenwald, auf bemoosten Bäumen in 300–2400 m Höhe.
Wuchsform: Kurze Rhizome; verzweigende, Büschel formende Stämme; mit schmalen, ledrigen bis fleischigen Blättern besetzt, 3–9 cm lang.
Blüte: Kurz gestielte Blüte, eine bis mehrere Blüten, den Blattachseln entspringend, sich nacheinander öffnend, meist weiß oder rot, 3–4 cm groß.
Besonderheiten: Blockkultur empfohlen. Während der Wachstumszeit viel sprühen, danach deutlich trockener kultivieren.

temp. – warm		*temp. – warm*
HS – Sonne		*HS – Sonne*
feucht		*mäßig*
Ja		*Nein*
B		*AB*

Chamaeangis
SCHLECHTER 1915

Arten: Etwa 15 Arten.
Beispiele: *Chamaeangis hariotiana, Chamaeangis hildebrandtii, Chamaeangis odoratissima, Chamaeangis vesicata.*
Verbreitung: Afrika, Madagaskar, Komoren und benachbarte Inseln. Epiphytisch in Baumkronen an schattigen Plätzen wachsend, in 600–900 m Höhe, auch höher.
Wuchsform: Monopodial; Stämme aufrecht, manchmal überhängend, an der Basis im Alter verzweigend, 4–50 cm hoch; Blätter schmal, fleischig, 10–40 cm lang.
Blüte: Gebogene bis hängende, 20–40 cm lange Blütenstände, dicht besetzt mit zahlreichen Blüten; Blüte 0,5–1 cm groß, kaum bis deutlich gespornt, creme- bis orangefarben.
Besonderheiten: Block- oder Topfkultur möglich.

Chaubardia heteroclita

Chiloschista segawae

Chaubardia

Reichenbach f. 1852

Arten: Etwa 5 Arten.

Beispiele: *Chaubardia ghertiana, Chaubardia heteroclita, Chaubardia klugii, Chaubardia surinamensis.*

Verbreitung: Tropisches Südamerika und Trinidad. Epiphytisch auf niedrigen Bäumen in Schluchten und an Flüssen, bis zu 500 m Höhe.

Wuchsform: Sympodial; Rhizome sehr kurz; bulbenlos; Blätter weich, fächerartig, bis 2 cm breit, 12 cm lang.

Blüte: Kurz gestielte Blüte, ein bis mehrere Blüten, den Blattachseln entspringend, 3–4 cm groß, nacheinander blühend.

Besonderheiten: Die Pflanzen nie ganz austrocknen lassen. Vorsicht bei hohen Düngegaben. Pralle Sonne im Sommer vermeiden. Keine trockene Luft oder Zugluft.

Chaubardia	Chiloschista
temp. – warm	temp. – warm
Sch – HS	HS
feucht	mäßig
Nein	Nein
A	B

Chiloschista

Lindley 1832

Arten: Etwa 20 Arten.

Beispiele: *Chiloschista lunifera, Chiloschista parishii, Chiloschista trudelii, Chiloschista usneoides.*

Verbreitung: Indien, China, Südostasien, Indonesien und Australien. Epiphytisch in tropischen Wäldern an geschützten Stellen auf bemoosten Bäumen wachsend, von Meereshöhe bis 1200 m.

Wuchsform: Monopodial; blattlose Orchidee mit zahlreichen, fleischigen, grünlich-grauen Wurzeln, bis 12 cm Länge.

Blüte: Ein bis mehrere hängende Blütentrauben, 5–25 cm lang; 5–30 Blüten, 1–1,5 cm groß, meistens gelb-, grünlich oder rotbraun gefärbt.

Besonderheiten: Blockkultur empfohlen. Konstant hohe Luftfeuchte ist wichtig. Für Luftbewegung sorgen.

Chondrorhyncha chestertonii

Chysis tricostata

Chondrorhyncha

LINDLEY 1846

Arten: Etwa 12 Arten.

Beispiele: *Chondrorhyncha amabilis, Chondrorhyncha escorbariana, Chondrorhyncha helleri, Chondrorhyncha viridisepala.*

Verbreitung: Tropen Mittel- und Südamerikas. Epiphytisch in feuchten Bergwäldern auf bemoosten Bäumen wachsend, in 300–2000 m Höhe.

Wuchsform: Sympodial; Rhizome sehr kurz; bulbenlos; Blätter fächerartig, bis 6 cm breit, 30 cm lang.

Blüte: Blütenstände aus den Blattachsen entspringend; einblütig, Blüten 5–7 cm groß, trompetenförmige Lippe. Pflanzen blühen mehrmals nacheinander.

Besonderheiten: Die Pflanzen nie ganz austrocknen lassen. Vorsicht bei hohen Düngegaben. Pralle Sonne im Sommer vermeiden.

temp. – warm		temp.
Sch – HS		HS
feucht		mäßig
Nein		Ja
A		AC

Chysis

LINDLEY 1837

Arten: Etwa 8 Arten.

Beispiele: *Chysis aurea, Chysis bractescens, Chysis laevis, Chysis tricostata.*

Verbreitung: Mexiko, Mittelamerika, Venezuela und Peru. Epiphytisch im tropischen Regenwald, gelegentlich lithophytisch wachsend, in Höhenlagen von 800–1800 m.

Wuchsform: Sympodial; Pseudobulben fleischig, spindelförmig, bis 30 cm lang, überhängend; locker beblättert, Blätter krautig, 8–14 cm lang.

Blüte: Blütenstände überhängend, 10–25 cm lang, locker besetzt; 3–8 Blüten, 6–9 cm groß, fleischig.

Besonderheiten: Topf- oder Körbchenkultur empfohlen. Blüten bestäuben sich manchmal selbst. Während der Ruhephase im Winter trocken halten.

Cirrhaea dependens

Cirrhopetalum tingabarinum

Cirrhaea

LINDLEY 1832

Arten: Etwa 6 Arten.

Beispiele: *Cirrhaea dependens, Cirrhaea loddigesii, Cirrhaea nasuta, Cirrhaea saccata.*

Verbreitung: Brasilien. Epiphytisch im Tropenwald wachsend, in etwa 500 m Höhe.

Wuchsform: Sympodial; Pseudobulben eiförmig, manchmal eckig, bis 6 cm hoch; einblättrig, endständig, bis 50 cm lang, Blatt krautig bis ledrig.

Blüte: Blütenstand basal entspringend, bis zu 40 cm lang, manchmal bis 4 Stück pro Pseudobulbe; 10–30 Blüten, bis zu 5 cm groß, duftend, Blüte nicht resupinierend.

Besonderheiten: Ampel- oder Körbchenkultur, nach Triebentwicklung trockener halten. Empfindlich gegen Spritzwasser auf den Blättern.

Cirrhaea		Cirrhopetalum
temp.		*temp.*
HS		*HS*
mäßig		*mäßig*
Nein		*Nein*
AC		*ACD*

Cirrhopetalum

LINDLEY 1830

Arten: Etwa 150–250 Arten.

Beispiele: *Cirrhopetalum frostii, Cirrhopetalum longiflorum, Cirrhopetalum ornatissimum, Cirrhopetalum roxburghii.*

Verbreitung: Weit verbreitet in Südostasien. Epiphytisch auf bemoosten Bäumen im Schatten wachsend, vorwiegend in 100–1200 m Höhe.

Wuchsform: Rhizome 1–5 cm lang, häufig kletternd; eiförmige Bulben, 0,5–4 cm groß; ein endständiges, fleischiges Blatt, 1–20 cm lang.

Blüte: Blütenstand aufrecht bis überhängend, 10–25 cm lang; Blüten kreisförmig angeordnet, Petalen dominant, häufig fadenförmige Auswüchse an den Sepalen, 0,5–30 cm lang.

Besonderheiten: Kultur in flachen Schalen oder Körbchen empfohlen.

Cischweinfia jarae

Cleisostoma sagittiforme

Cischweinfia

DRESSLER & L. O. WILLIAMS 1970

Arten: Etwa 14 Arten.

Beispiele: *Cischweinfia colombiana, Cischweinfia dasyandra, Cischweinfia parva, Cischweinfia rostrata.*

Verbreitung: Costa Rica bis Bolivien. Epiphytisch in feuchten Nebelwäldern auf dünnen, bemoosten Zweigen im Schatten wachsend, in 700–1800 m Höhe.

Wuchsform: Sympodial; kurze, verzweigende Rhizome; Pseudobulben beblättert, 2–3cm hoch; zwei endständige, schmale, krautige Blätter, 2–7 cm lang.

Blüte: Blütenstand aufrecht bis waagerecht, 3–6 cm lang; 2–5 Blüten, 1,4–2,8 cm groß.

Besonderheiten: Topf- und Blockkultur möglich. Keine deutliche Ruhephase; nach Triebabschluss den Wurzelbereich etwas trockener halten.

Cischweinfia		Cleisostoma
temp.	[Temperatur]	temp. - warm
Sch – HS	[Licht]	HS – Sonne
mäßig	[Gießen]	mäßig
Nein	[Ruhephase]	Nein
AB	[Substrat]	ABC

Cleisostoma

BLUME 1825

Arten: Über 100 Arten.

Beispiele: *Cleisostoma arietinum, Cleisostoma birmanicum, Cleisostoma crochetii, Cleisostoma subulatum.*

Verbreitung: Indien, Südostasien bis Australien, Indonesien und Neuguinea. Epiphytisch bevorzugt auf alten bemoosten Nadelbäumen wachsend, in 300–1400 m Höhe.

Wuchsform: Monopodial; Stämme aufrecht oder hängend, 10–90 cm hoch, Blätter und Stämme sukkulent, stielrund oder flach, Blattspanne bis 12 cm.

Blüte: Blütenstand seitlich entspringend, 8–15 cm, auch verzweigend; wenige bis zahlreiche Blüten, fleischig, 0,5–2 cm groß.

Besonderheiten: Je nach Größe aufgebunden oder im Körbchen zu kultivieren. Wärme und Sonne liebend.

Clowesia thylaciochila

Cochleanthes discolor

Clowesia

LINDLEY 1843

Arten: Etwa 6–8 Arten.

Beispiele: *Clowesia rosea, Clowesia russelliana, Clowesia thylaciochila, Clowesia warszewiczii.*

Verbreitung: Von Mexiko südwärts bis Venezuela. Epiphytisch im Halbschatten wachsend, in 400–1300 m Höhe.

Wuchsform: Rhizome sehr kurz; Pseudobulben fleischig, bis 15 cm hoch; Blätter endständig, bis zu 40 cm lang und 10 cm breit, krautig.

Blüte: Blütenstand seitlich der Bulbe entspringend, aufrecht; 1–5 Blüten, Blüten *Catasetum* sehr ähnlich, aber zwittrig, Blüte 3–6 cm groß, häufig duftend.

Besonderheiten: Die Pflanzen blühen erst nach Laubabwurf. Meistens ist eine kurze Trockenphase für die Blütenbildung nötig.

temp.		temp. – warm
Sch – Sonne		Sch – HS
mäßig		feucht
Ja		Nein
ABC		A

Cochleanthes

RAFINESQUE 1838

Arten: Etwa 12 Arten.

Beispiele: *Cochleanthes amazonica, Cochleanthes aromatica, Cochleanthes candida, Cochleanthes discolor.*

Verbreitung: Tropen Amerikas. Sehr häufig im Amazonas-Gebiet und in Bergwäldern auf bemoosten Bäumen wachsend, in 150–1500 m Höhe.

Wuchsform: Sympodial; Wurzeln fleischig; Rhizome sehr kurz, büschelig; bulbenlos; Blätter krautig, fächerartig, 3–6 cm breit, 12–30 cm lang.

Blüte: Blütenstände aus den Blattachsen entspringend, 5–8 cm lang; einblütig, Blüten 5–7 cm groß, deutliche Lippe.

Besonderheiten: Die Pflanzen nie ganz austrocknen lassen. Vorsicht bei hohen Düngegaben. Pralle Sonne im Sommer vermeiden.

Cochlioda noezliana

Cochlioda

LINDLEY 1853

Arten: Etwa 6–8 Arten.
Beispiele: *Cochlioda beyrodtiana, Cochlioda noezliana, Cochlioda rosea, Cochlioda vulcanica.*
Verbreitung: Ecuador, Peru und Bolivien. Epiphytisch im kühlen Nebelwald wachsend, in Höhenlagen von 2100–2500 m.
Wuchsform: Kurzes Rhizom, flache, beblätterte, gepresste Pseudobulben, bis zu 5 cm hoch, 1–2 endständige Blätter, Blätter schmal, krautig, bis zu 40 cm lang.
Blüte: 1–2 Blütenstände am Grunde der Pseudobulbe austretend, bogig bis hängend; viele Blüten, 2–5 cm im Durchmesser, Petalen breiter als Sepalen. Blüten stehen eng zusammen.
Besonderheiten: Topfkultur empfohlen. Nicht über 25 °C kultivieren. Für hohe Luftfeuchte mit Frischluftzufuhr sorgen.

kühl – temp.		*temp.*
Sch – HS		*HS*
mäßig		*mäßig*
Nein		*Nein*
A		*A*

Coelia bella

Coelia

LINDLEY 1830

Arten: Etwa 5 Arten (plus 4 Arten von *Bothriochilus*).
Beispiele: *Coelia bella, Coelia guatemalensis, Coelia macrostachya, Coelia triptera.*
Verbreitung: Mexiko, Guatemala und Westindische Inseln. Meist epiphytisch, aber auch lithophytisch und terrestrisch im Regenwald wachsend, in 500–1500 m Höhe.
Wuchsform: Kurzes, kriechendes Rhizom; büschelig angeordnete, elliptische Pseudobulben, bis 7 cm groß; 3–5 Blätter, krautig, bis 40 cm lang.
Blüte: Blütenstände aufrecht; viele kleine fleischige Blüten, nicht öffnend, duftend.
Besonderheiten: Auch die terrestrischen Arten in durchlässigem Orchideensubstrat kultivieren.

Coelogyne mooreana

Coelogyne brachyptera

Coelogyne

LINDLEY 1821

Arten: Etwa 200 Arten.

Beispiele: Unterteilt in über 22 Sektionen, eine Auswahl der populären Sektionen folgt auf den nächsten Seiten.

Verbreitung: Südostasien, Philippinen, Indonesien, Indien und Fidschi-Inseln, in Höhenlagen bis zu 2900 m.

Wuchsform: Rhizome kurz bis lang; deutliche Pseudobulben, 1–20 cm hoch; 1–2 endständige Blätter, 2–60 cm lang.

Blüte: Blütenstand aufrecht oder hängend, 4–60 cm lang; eine bis viele Blüten, 1–12 cm groß.

Besonderheiten: Blockkultur oder Topfkultur im Ampeltopf möglich. Einige Arten haben sehr hohen Platzbedarf. Je nach Naturstandort kühl, temperiert oder warm kultivieren.

Coelogyne

Gruppe: *Brachypterae*

LINDLEY 1821

Arten: 3 Arten.

Beispiele: *Coelogyne brachyptera, Coelogyne parishii, Coelogyne virescens.*

Verbreitung: Südhang des Himalaja, Myanmar. Epiphytisch im Laubwald, in Höhenlagen zwischen 100–300 m.

Wuchsform: Gedrungene, aber deutliche Rhizome; längliche, z. T. kantige, schlanke Pseudobulben, 8–15 cm groß; zwei endständige, krautige Blätter, bis 20 cm lang.

Blüte: Blütenstände endständig, bogig; mehrblütig, gleichzeitig blühend, Blüten grünlich mit deutlich dunklerer Lippenfärbung, 6–8 cm groß.

Besonderheiten: Sehr wüchsige und blühwillige Gruppe. Kultur in flachen Schalen oder Töpfen empfohlen. Vermehren durch Teilung möglich.

kühl – warm		temp.
Sch – HS		HS
mäßig		mäßig
Ja/Nein		Nein
ABCD		ACD

Coelogyne cristata

Coelogyne trinervis

Coelogyne

Gruppe: *Coelogyne*

Lindley 1821

Arten: Etwa 12 Arten.

Beispiele: *Coelogyne cristata, Coelogyne cumingii, Coelogyne mooreana, Coelogyne nervosa.*

Verbreitung: Südhang des Himalaja, Thailand, Laos, Malakka, Borneo bis Philippinen. Epiphytisch im Nebelwald, in 1500–2500 m.

Wuchsform: Rhizome 2–5 cm lang; runde bis elliptische Pseudobulben, bis zu 8 cm groß; 1–2 endständige, krautige Blätter, 10–35 cm lang.

Blüte: Blütenstände basal an der Bulbe oder dem fast fertigen Neutrieb entspringend, aufrecht oder überhängend, 10–25 cm lang; 3–10 Blüten, 5–8 cm groß.

Besonderheiten: Gut im Topf zu kultivieren. Temperaturabsenkung zur Blütenbildung erforderlich.

kühl		*temp.*
Sch – HS		*HS*
feucht		*mäßig*
Ja		*Nein*
ACD		*AD*

Coelogyne

Gruppe: *Flaccidae*

Lindley 1821

Arten: Etwa 10 Arten.

Beispiele: *Coelogyne albolutea, Coelogyne esquirolei, Coelogyne flaccida, Coelogyne trinervis, Coelogyne viscosa.*

Verbreitung: Südhang des Himalaja, Thailand, Laos, Kambodscha, Vietnam bis Philippinen. Epiphytisch wachsend, in der Nähe von Flüssen, in 300–1200 m Höhe.

Wuchsform: Sympodial; kurze Rhizome; Pseudobulben schlank, eiförmig, 4–10 cm lang, zwei lanzettliche, endständige Blätter, 12–45 cm groß.

Blüte: Kurze hängende, selten aufrechte Blütenstände, bis zu 30 cm lang; viele weiße Blüten mit gelborangem Lippenfleck, 4–6 cm groß.

Besonderheiten: Kultur im Topf oder flachen Schalen möglich. Pflanzen wachsen in die Breite.

Coelogyne ovalis

Coelogyne confusa

Coelogyne
Gruppe: *Fuliginosae*
LINDLEY 1821

Arten: Etwa 10 Arten.

Beispiele: *Coelogyne chrysotropis, Coelogyne fimbriata, Coelogyne fuliginosa, Coelogyne ovalis.*

Verbreitung: Südhang des Himalaja, Indien, Myanmar, Südchina, Vietnam bis Indonesien. Epiphytisch im tropischen Regenwald, in 300–1500 m Höhe.

Wuchsform: Kriechende Rhizome, 3–6 cm lang, Pseudobulben rund bis eiförmig, 2–6 cm; zwei lanzettliche, krautige endständige Blätter, 10–15 cm lang.

Blüte: Infloreszenz meist endständig, 3–6 cm lang; meist einblütig, Blüte 3–5 cm groß.

Besonderheiten: Diese Arten wachsen stark in die Breite. Kultur in flachen Schalen oder aufgebunden auf großen Unterlagen empfohlen.

Fuliginosae		Lentiginosae
temp.		temp. – warm
HS – Sonne		HS – Sonne
mäßig		mäßig
Nein		Nein
BCD		A

Coelogyne
Gruppe: *Lentiginosae*
LINDLEY 1821

Arten: Etwa 20 Arten.

Beispiele: *Coelogyne lentiginosa, Coelogyne merrillii, Coelogyne monticola, Coelogyne odoratissima.*

Verbreitung: Südhang des Himalaja bis Vietnam, Philippinen, Südindien, Sri Lanka. Epi- und lithophytisch wachsend, in 1000–2200 m Höhe.

Wuchsform: Kurze Rhizome, büschelig; Pseudobulben länglich bis elliptisch, 2–6 cm groß; 1–2 Blätter, endständig, bis 40 cm lang.

Blüte: Infloreszenz meist basal entspringend, hängend; viele Blüten, 3–7 cm groß, meist in Weiß mit gelber Lippenfärbung.

Besonderheiten: Diese Arten bevorzugen temperierte bis warme Kulturbedingungen. Im Ampeltopf kultivieren.

Coelogyne punctulata

Coelogyne beccarii

Coelogyne

Gruppe: *Ocellatae*

Lindley 1821

Arten: Etwa 6 Arten.

Beispiele: *Coelogyne corymbosa, Coelogyne nitida, Coelogyne occulata, Coelogyne punctulata.*

Verbreitung: Südhang des Himalaja, von Indien über China bis Vietnam. Epiphytisch im tropischen Regen- und Nebelwald, auf bemoosten Bäumen, in 1000–3200 m Höhe.

Wuchsform: Rhizome 1–2 cm lang, büschelig; Pseudobulben länglich bis eiförmig, 3–8 cm groß, zwei endständige, lanzettliche Blätter, bis zu 15 cm groß.

Blüte: Infloreszenz meist endständig, aufrecht, 15–35 cm lang; 3–12 Blüten, 4–6 cm groß.

Besonderheiten: Diese Arten lassen sich sehr gut im Topf kultivieren, sind sehr blühwillig und attraktiv. Kleine Ruhephase im Winter.

kühl – temp.		*temp. – warm*
HS		*HS*
mäßig – feucht		*mäßig*
Ja		*Nein*
A		*A*

Coelogyne

Gruppe: *Speciosae*

Lindley 1821

Arten: Etwa 150 Arten.

Beispiele: *Coelogyne fragrans, Coelogyne rumphii, Coelogyne speciosa, Coelogyne usitana, Coelogyne xyrekes.*

Verbreitung: Indonesien und benachbarte Inseln, bis Philippinen. Epi- und lithophytisch, selten terrestrisch wachsend, in 0–1200 m Höhe, selten höher.

Wuchsform: Kurze Rhizome; eiförmige Pseudobulben, 4–10 cm groß; ein endständiges Blatt, breit, krautig, 3–8 cm breit, 20–35 cm hoch.

Blüte: Blütenstände überhängend, 15–60 cm lang; einblütig, nacheinander aufblühend, Blüten 8–12 cm groß.

Besonderheiten: Diese Arten vertragen mehr Wärme und wachsen temperiert. Kultur im Topf empfohlen.

Coelogyne massangeana

Coelogyne pandurata

Coelogyne

Gruppe: *Tomentosae*

LINDLEY

Arten: Etwa 30 Arten.

Beispiele: *Coelogyne tomentosa* (Syn. *Coel. dayana, Coel. massangeana), Coelogyne rochussenii, Coelogyne swaniana.*

Verbreitung: Malakka, Sumatra und Borneo. Epi- und lithohytisch im Flachland wachsend, häufig in der Nähe von Flüssen, sonst auch exponiert.

Wuchsform: Rhizome 1–3 cm lang; längliche bis elliptische Pseudobulben, 6–15 cm groß; 1–2 breite, ledrige, endständige Blätter, bis zu 60 cm lang.

Blüte: Blütenstände häufig basal entspringend, hängend, 30–60 cm lang; 5–30 Blüten, 4–6 cm groß.

Besonderheiten: Diese Arten wachsen heller und wärmer. Kultur im Körbchen oder Ampeltopf empfohlen.

temp. – warm		*kühl – temp.*
HS – Sonne		*HS – Sonne*
mäßig		*mäßig*
Nein		*Nein*
AC		*AC*

Coelogyne

Gruppe: *Verrucosae*

LINDLEY 1821

Arten: Etwa 10 Arten.

Beispiele: *Coelogyne asperata, Coelogyne marthae, Coelogyne mayeriana, Coelogyne pandurata.*

Verbreitung: Indonesien, Borneo, Papua-Neuguinea und Philippinen. Epiphytisch wachsend, häufig in der Nähe von Wasserläufen, in 0–1500 m Höhe.

Wuchsform: Rhizome 3–8 cm lang; runde bis elliptische Pseudobulben, bis zu 15 cm groß; 1–2 endständige Blätter, ledrig, bis zu 50 cm lang.

Blüte: Blütenstände meist basal entspringend, hängend, 20–60 cm lang; viele Blüten, 4–8 cm groß.

Besonderheiten: Diese Arten benötigen Platz, Wärme und vertragen mehr Licht.

Comparettia falcata

Coryanthes macrantha

Comparettia

POEPPIG & ENDLICHER 1836

Arten: Etwa 12 Arten.

Beispiele: *Comparettia coccinea, Comparettia falcata, Comparettia macroplectron, Comparettia speciosa.*

Verbreitung: In den amerikanischen Tropen, mit Schwerpunkt Anden. Epiphytisch im Regenwald auf Guave-Bäumen, in 800–1500 m Höhe.

Wuchsform: Rhizome kurz, büschelig; Pseudobulben 0,5–2 cm hoch; einblättrig, Blatt ledrig, 4–12 cm hoch.

Blüte: Blütenstand basal entspringend, 20–50 cm lang, locker besetzte Traube; Blütengröße 0,8–3 cm, gespornt.

Besonderheiten: Blockkultur empfohlen. Alte Blütentriebe blühen nach, unbedingt nach der 1. Blühperiode abschneiden. Bei Topfkultur Staunässe vermeiden.

temp.		temp. – warm
HS – Sonne		HS
feucht		feucht
Nein		Ja
(A)B		C

Coryanthes

HOOKER 1831

Arten: Etwa 15–20 Arten.

Beispiele: *Coryanthes alborosea, Coryanthes biflora, Coryanthes macrantha, Coryanthes trifoliata.*

Verbreitung: Mittel- und Südamerika, hauptsächlich Mexiko, Peru und Bolivien. Epiphytisch in der Nähe von Wasserläufen wachsend, in Gemeinschaft mit Ameisen, von 0–1200 m.

Wuchsform: Rhizome büschelig; Pseudobulben kantig, bis 10 cm hoch, elliptisch; zweiblättrig, Blätter endständig, krautig, bis 50 cm hoch.

Blüte: Blütenstand hängend, 10–40 cm lang; 1–3 Blüten, 8–14 cm groß. Blütenaufbau kompliziert und interessant.

Besonderheiten: Kultur im Körbchen bei warmen Temperaturen. Auch in der Ruhephase nicht austrocknen lassen.

Cryptochilus luteus

Cuitlauzina pendula

Cryptochilus

WALLICH 1826

Arten: Etwa 2–7 Arten.

Beispiele: *Cryptochilus luteus, Cryptochilus sanguineus.*

Verbreitung: Indien, Nepal bis Südchina. Epiphytisch, gelegentlich auch lithophytisch im Regenwald, in 1800–2300 m Höhe.

Wuchsform: Sympodial; Wurzeln fein; Rhizom 2–8 cm lang, kriechend bis kletternd; Pseudobulben 1–6 cm groß, zwei- bis vielblättrig, krautig, 10–28 cm.

Blüte: Blütenstände blattachselbürtig, mit Erscheinen der Neutriebe, aufrecht oder überhängend, 10–30 cm lang; 12–30 Blüten, 2–3 cm groß.

Besonderheiten: Kultur in flachen Schalen oder Blockkultur möglich. Lange Unterlage z. T. nötig. Wurzeln dürfen nicht austrocknen.

temp.		kühl – temp.
HS		HS
feucht		feucht
Nein		Ja
BD		AC

Cuitlauzina

LA LLAEVE & LEXARZA 1825

Arten: Monotypisch, wahrscheinlich nur 1 Art.

Beispiele: *Cuitlauzina pendula.*

Verbreitung: Mexiko, in den Bundesstaaten Sinaloa, Jalisco und Michoacan. In Gebieten mit ausgeprägten Jahreszeiten in Kiefern- und Eichenwäldern wachsend, in 1400–2500 m Höhe.

Wuchsform: Sympodial; Pseudobulben oval, flach, beblättert, 4–7 cm hoch; zwei endständige Blätter, Blatt ledrig, 3–5 cm breit, 10–15 cm lang.

Blüte: Blütenstände hängend, auch aufrecht, 15–90 cm lang; 2–22 Blüten, 5–8 cm groß, gleichzeitig blühend.

Besonderheiten: Ampeltopf oder Körbchen empfohlen. Während der Ruhephase kühl und trocken halten.

Cycnoches bathiorum

Cymbidiella pardalina

Cycnoches
LINDLEY 1832

Arten: Etwa 7 Arten.

Beispiele: *Cycnoches bathiorum, Cycnoches chlorochilon, Cycnoches herrenhusanum, Cycnoches peruvianum.*

Verbreitung: Mittel- und Südamerika. Epiphytisch, aber auch terrestrisch wachsend, in 0–600 m Höhe.

Wuchsform: Sympodial; kurzes Rhizom; spindelförmige Bulben, bis 20 cm groß; endständige Blätter, krautig, bis 40 cm lang.

Blüte: Blütenstand 5–50 cm, aufrecht bis hängend, seitlich der Bulbe entspringend; Blüte 5–12 cm groß.

Besonderheiten: In der Ruhezeit kühl und trocken halten. Erst nach Wurzelbildung gießen und düngen. Einige Arten haben männliche und weibliche Blüten.

Cycnoches		Cymbidiella
temp. – warm		*temp. – warm*
HS – Sonne		*HS – Sonne*
feucht		*feucht*
Ja		*Ja*
AB		*A*

Cymbidiella
ROLFE 1918

Arten: Etwa 2–4 Arten.

Beispiele: *Cymbidiella falcigera, Cymbidiella flabellata, Cymbidiella pardalina, Cymbidiella rhodocheila.*

Verbreitung: Beschränkt auf Ostmadagaskar. Epiphytisch auf Palmen oder terrestrisch in feuchten Wäldern wachsend, in 0–1300 m Höhe.

Wuchsform: Sympodial; kurzes Rhizom; sehr kräftige Bulben, bis 15 cm hoch, dicht ledrig beblättert; Blatt bis zu 1 m lang.

Blüte: Blütenstand lang, traubig oder rispig, seitlich der Bulbe entspringend, aufrecht; vielblütig, Blüte bis zu 12 cm groß, gefleckt.

Besonderheiten: Pflanzen reagieren empfindlich auf Störungen wie Umpflanzen. Muss nach dem Gießen schnell abtrocknen.

Cymbidium lancifolium

Cymbidium elegans

Cymbidium

SWARTZ

Arten: Über 50 Arten.

Beispiele: *Cymbidium cochleare, Cymbidium goeringii, Cymbidium kanran, Cymbidium tracyanum.*

Verbreitung: Indien, Südostasien, China, Japan bis Australien. Epiphytisch, terrestrisch und lithophytisch, in 0–3000 m Höhe.

Wuchsform: Sympodial; kurzes Rhizom; kräftige Bulben; dicht beblättert, bis zu 120 cm groß, kleinere Arten bis zu 30 cm.

Blüte: Blütenstand kurz oder lang, seitlich der Bulbe entspringend, aufrecht oder hängend; wenige bis viele Blüten, 3–12 cm groß.

Besonderheiten: Sehr variabel in den Ansprüchen. Blüteninduktion erfolgt häufig durch Temperaturdifferenz zwischen Tag und Nacht.

kühl – warm		*kühl – temp.*
HS – Sonne		*HS – Sonne*
gering – feucht		*feucht*
Ja/Nein		*Ja*
A		*A*

Cymbidium

Gruppe: Himalaja großblütig

SWARTZ 1799

Arten: Etwa 20 Arten.

Beispiele: *Cymbidium hookerianum, Cymbidium lowianum, Cymbidium elegans, Cymbidium tigrinum.*

Verbreitung: Himalaja, Südwestchina. Lithophytisch in der Nähe von Wasserläufen, epiphytisch in 1000–2500 m Höhe wachsend.

Wuchsform: Sympodial; Rhizom kurz, büschelig; kräftige Pseudobulben, 3–15 cm groß, dicht beblättert; Blatt ledrig, 30–120 cm lang.

Blüte: Blütenstand lang, seitlich entspringend, aufrecht oder hängend, 30–120 cm lang; Blüte 4–12 cm groß.

Besonderheiten: Vertragen Temperaturen von bis zu 5 °C. Blüten werden durch großen Temperaturunterschied zwischen Tag und Nacht induziert.

Cymbidium goeringii

Cymbidium madidum

Cymbidium
Gruppe: Himalaja kleinblütig
SWARTZ 1799

Arten: Etwa 12 Arten.
Beispiele: *Cymbidium devonianum, Cymbidium ensifolium, Cymbidium lancifolium, Cymbidium sinense.*
Verbreitung: Himalaja, Südwestchina, Japan. Zumeist terrestrisch oder lithophytisch auf bemoosten Felsen, in 0–3000 m Höhe.
Wuchsform: Sympodial; fleischige Wurzeln; kurze Rhizome; kräftige Pseudobulben, 3–4 cm groß; dicht beblättert, Blätter ledrig, schmal, 20–40 cm lang.
Blüte: Blütenstand lang, seitlich der Bulbe entspringend, aufrecht oder hängend, 20–50 cm lang; viele Blüten, 3–6 cm groß.
Besonderheiten: Im Winter temperiert kultivieren. Blütenbildung ist meist unproblematisch.

temp.		*temp. – warm*
HS		*HS – Sonne*
mäßig		*gering*
Nein		*Ja*
A		*A*

Cymbidium
Gruppe: Tropen kleinblütig
SWARTZ 1799

Arten: Etwa 15 Arten.
Beispiele: *Cymbidium aloifolium, Cymbidium canaliculatum, Cymbidium finlaysonianum, Cymbidium madidum.*
Verbreitung: China, Malaysia bis Australien. Epiphytisch, in savannenähnlichen Wäldern, lithophytisch auf Steinen, in Gebieten mit starker Taubildung, meistens auf Meerehöhe, aber auch bis 2500 m.
Wuchsform: Sympodial; kleine Pseudobulben, 3–6 cm groß; dicht, ledrig beblättert, Blätter 20–40 cm lang.
Blüte: Blütenstand lang, seitlich der Bulbe entspringend, aufrecht oder hängend; viele Blüten, bis zu 6 cm groß.
Besonderheiten: Nicht unter 15 °C kultivieren. Diese Gruppe z. T. sehr trocken halten.

Cynorkis uncinata

Cyrtochilum macranthum

Cynorkis

THOUARS 1809

Arten: Etwa 125 Arten.

Beispiele: *Cynorkis gibbosa, Cynorkis purpurascens, Cynorkis uncinata, Cynorkis uniflora.*

Verbreitung: Madagaskar, aber auch tropisches Afrika. Terrestrisch, epi- und lithophytisch in trockenen Felsgegenden, aber auch in feuchten Nebelwäldern, in 800 bis 2500 m Höhe.

Wuchsform: Sympodial; 2–3 Blätter, krautig, 3–10 cm lang, meist grün, aber häufig auch mehrfarbig.

Blüte: Blütenstände terminal entspringend, aufrecht, 10–25 cm lang; selten Einzelblüten, meist dicht besetzt mit zahlreichen Blüten, Blüte 2–4 cm.

Besonderheiten: Kultur in Schalen empfohlen. Sphagnum oder sphagnumhaltiges Substrat verwenden.

temp. – warm		*kühl – temp.*
Sch – HS		*HS*
mäßig – feucht		*gering*
Ja		*Ja*
E		*A*

Cyrtochilum

SCHLECHTER 1806

Arten: Etwa 150 Arten.

Beispiele: *Cyrtochilum annulare, Cyrtochilum macranthum, Cyrtochilum pardinum, Cyrtochilum revolutum.*

Verbreitung: Mittel- und Südamerika, besonders in den Anden. Epiphytisch, lithophytisch und terrestrisch, in 1500–3000 m Höhe.

Wuchsform: Sympodial; mittelgroß bis groß, kriechendes Rhizom, bis 25 cm lang; Pseudobulben kräftig, bis 15 cm groß; 1–2 Blätter, endständig, bis 60 cm lang.

Blüte: Blütenstand grund- und achselständig, einfach oder verzweigt, bis 3 m lang; Blüten meist in Gelb mit Braun, 5–7 cm groß.

Besonderheiten: Die sehr langen Blütenstände müssen unbedingt gestützt oder kreisförmig gebunden werden.

Cyrtopodium punctatum

Cyrtorchis praetermissa

Cyrtopodium

R. Brown 1813

Arten: Etwa 30 Arten.

Beispiele: *Cyrtopodium andersonii, Cyrtopodium buchtienii, Cyrtopodium paniculatum.*

Verbreitung: Tropen Floridas bis Argentinien. Epi-, lithophytisch und terrestrisch wachsend, in 300–2000 m Höhe.

Wuchsform: Sympodial; mittelgroß bis groß, Pseudobulben lang und spindelförmig, 30–60 cm; Blätter endständig, 10–65 cm lang.

Blüte: Blütenstand grund- und achselständig, einfach oder verzweigt, aufrecht, bis zu 250 cm lang; Blüten 4–7 cm groß.

Besonderheiten: Nach der Wuchsperiode trockener halten bzw. nach Laubfall bis zum Austrieb kühl und trocken halten.

Cyrtopodium		Cyrtorchis
temp. – warm	(Temperatur)	temp. – warm
Sonne	(Licht)	HS – Sonne
mäßig	(Gießen)	mäßig
Ja	(Ruhezeit)	Nein
A	(Substrat)	ABC

Cyrtorchis

Schlechter 1914

Arten: Etwa 16 Arten.

Beispiele: *Cyrtorchis arucata, Cyrtorchis crassifolia, Cyrtorchis chailluana, Cyrtorchis praetermissa.*

Verbreitung: Tropisches Afrika bis Südafrika, Madagaskar. Meist epiphytisch, selten lithophytisch wachsend in 600–2500 m Höhe.

Wuchsform: Monopodial; Stamm locker oder dicht beblättert, auch verzweigend, bis 40 cm lang; Blätter ledrig oder fleischig, Blattspanne 10–40 cm.

Blüte: Blütenstand blattachselbürtig, gebogen, dicht besetzt; Blüten sternförmig, weiß mit Sporn, 1–5 cm groß.

Besonderheiten: Topf-, Block- und Körbchenkultur möglich. Hell stellen. Nachts angenehmer Duft.

Dendrobium cuthbertsonii

Dendrobium rosellum

Dendrobium

SWARTZ 1799

Arten: Wahrscheinlich über 2000 Arten.

Beispiele: Unterteilt in über 35 Gruppen.

Verbreitung: Weit verbreitet im gesamten südostasiatischen Raum, Japan, Australien, Pazifische Inseln, Papua-Neuguinea. In Höhenlagen von 0–4000 m vorkommend.

Wuchsform: Sympodial; Bulben variabel, meist länglich; schwach bis stark beblättert, manche Arten laubabwerfend.

Blüte: Blütenstände seitlich oder endständig, kurz oder lang; eine bis zahlreiche Blüten, 0,3–12 cm, kurzblütig bis 3 Monate haltbar.

Besonderheiten: Durch die große Vielfalt und weite Verbreitung ist keine Einheitskultur möglich. Auf den nächsten Seiten werden die wichtigsten bzw. populärsten Sektionen vorgestellt.

kühl – warm	temp. – warm
Sch – Sonne	HS – Sonne
mäßig – feucht	mäßig
Ja/Nein	Nein
ABC	B

Dendrobium

Gruppe: *Aporum*

SWARTZ 1799

Arten: Über 20 Arten.

Beispiele: *Dendrobium anceps, Dendrobium distichum, Dendrobium grande, Dendrobium leonis.*

Verbreitung: Südostasien bis Philippinen. Epiphytisch im tropischen Regenwald in bis zu 1000 m Höhe, in warmen Gegenden auch bis zu 2000 m.

Wuchsform: Sympodial; Rhizom sehr kurz, büschelig; Stämme aufrecht bis hängend, von sukkulenten Blättern umschlossen.

Blüte: Blütenstand meist endständig, 1–3 cm lang; 2–5 endständige, meist unscheinbare Blüten, 0,5–2 cm klein.

Besonderheiten: Diese Arten sind wärmeliebend und brauchen feuchte Frischluft. Hohe Luftfeuchte ist insbesondere morgens und abends wichtig.

Dendrobium victoria-reginae

Dendrobium chrysotoxum

Dendrobium
Gruppe: *Calcarifera*
Swartz 1799

Arten: Über 50 Arten.

Beispiele: *Dendrobium amethystoglossum, Dendrobium arcuatum, Dendrobium montanum, Dendrobium victoria-reginae.*

Verbreitung: Südostasien bis Philippinen. Epiphytisch im tropischen Regenwald in 500–1000 m Höhe, wenige Arten in bis zu 2400 m.

Wuchsform: Sympodial; Rhizom sehr kurz; Bulben schlank, 35–120 cm lang; Blätter meist endständig, weich, häufig nach der Vegetationsperiode abfallend.

Blüte: Blütenstand kurz, seitlich; zwei bis viele Blüten, 3–5 cm groß, aus alten Bulben blühend.

Besonderheiten: Temperiert kultivieren. Temperaturschwankungen erleichtern die Blütenbildung. Bulben zur Blütezeit stützen, Bruchgefahr!

temp.		*temp.*
HS		*HS*
mäßig		*mäßig*
Nein		*Nein*
AB		*AC*

Dendrobium
Gruppe: *Callista*
Swartz 1799

Arten: Über 14 Arten.

Beispiele: *Dendrobium amabile, Dendrobium densiflorum, Dendrobium farmeri, Dendrobium thyrsiflorum.*

Verbreitung: Südostasien. Epiphytisch im tropischen Regenwald in 0–1000 m Höhe, in heißen Gegenden in bis zu 2000 m.

Wuchsform: Sympodial; Rhizome kurz, büschelig; Pseudobulben keulenförmig bis länglich, 20–45 cm groß; 2–5 endständige Blätter, Blattspanne 10–30 cm.

Blüte: Blütenstände seitlich, hängende Trauben, 15–45 cm lang; dicht besetzt mit vielen bis zu 4 cm großen Blüten.

Besonderheiten: Topf- oder Körbchenkultur möglich. Kurze Kühlphase fördert die Blütenbildung. Bulben stützen, Bruchgefahr bei Blütenbildung.

Dendrobium lawesii

Dendrobium laevifolium

Dendrobium

Gruppe: *Calyptrochilus*

Swartz 1799

Arten: Über 40 Arten.

Beispiele: *Dendrobium crepidiferum, Dendrobium lawesii, Dendrobium subclausum, Dendrobium obtusisepalum.*

Verbreitung: Borneo, Indonesien, Papua-Neuguinea. Epiphytisch im tropischen Regenwald wachsend, in 500–3000 m Höhe.

Wuchsform: Sympodial; Bulben länglich, dünn, 30–100 cm lang, überhängend; Pflanzen an den Neutrieben dicht krautig beblättert.

Blüte: Blütenstand seitlich, kurz, zu mehreren, büschelig angeordnet, lange Blühdauer; Blüten an den älteren Bulben, 0,5–5 cm groß.

Besonderheiten: Temperiert oder warm kultivieren, dabei hohe Luftfeuchte. Temperaturabsenkung fördert Blütenbildung.

temp. – warm		*kühl – temp.*
HS		*HS*
mäßig		*mäßig – feucht*
Nein		*Nein*
AB		*AB*

Dendrobium

Gruppe: *Cuthbertsonia*

Swartz 1799

Arten: Wahrscheinlich nur 3 Arten.

Beispiele: *Dendrobium cuthbertsonii, Dendrobium laevifolium, Dendrobium prasinum.*

Verbreitung: Papua-Neuguinea, umliegende Inseln und Fidschi-Inseln. Epi- und lithophytisch, in 800–3000 m Höhe, im immerfeuchten Nebelwald.

Wuchsform: Sympodial; büschelig, Bulben 1–6 cm lang, schlank; dicht beblättert, Blätter 1–5 cm lang.

Blüte: Blütenstände kurz; zahlreiche Blüten, terminal, büschelig angeordnet, lange Blühdauer, 2–5 cm groß, meist an älteren Bulben.

Besonderheiten: Für Gießtöpfe geeignet. Gute Wasserqualität sehr wichtig, empfindlich bei Spritzmitteln. Oft leicht übersprühen, aber schnell abtrocknen lassen.

Dendrobium nobile

Dendrobium fleckeri

Dendrobium

Gruppe: *Dendrobium*

Swartz 1799

Arten: Über 60 Arten.

Beispiele: *Dendrobium aphyllum, Dendrobium chrysanthum, Dendrobium loddigesii, Dendrobium parishii.*

Verbreitung: Südostasien. Epiphytisch in Regionen mit ausgeprägten Jahreszeiten wachsend, in 1000–2000 m Höhe.

Wuchsform: Sympodial; Pseudobulben länglich, während des Wachstums deutlich beblättert, 10–100 cm lang; Blätter 5–15 cm lang.

Blüte: Blütenstände seitlich; zahlreiche zwei- bis vierblütige Büschel aus den Nodien der Vorjahrestriebe entspringend, Blüte 3–7 cm groß.

Besonderheiten: Topf- und Blockkultur möglich. Nach Triebabschluss Blattfall. Deutliche Kühlphase fördert die Blütenbildung. Lange Bulben stützen.

kühl – temp.		temp. – warm
HS		HS – Sonne
mäßig		gering
Ja		Ja
AB		AB

Dendrobium

Gruppe: *Dendrocoryne*

Swartz 1799

Arten: Über 12 Arten.

Beispiele: *Dendrobium adae, Dendrobium falcorostrum, Dendrobium gracilicaule, Dendrobium kingianum.*

Verbreitung: Australien und Pazifische Inseln. Meist epiphytisch, auch lithophytisch und terrestrisch wachsend, in 0–1200 m Höhe.

Wuchsform: Sympodial; Pseudobulben zylindrisch bis kantig, schlank; 1–2 endständige Blätter, fleischig bis ledrig, 8–15 cm lang.

Blüte: Blütenstand endständig, aufrecht, 5–30 cm lang; zwei bis viele Blüten, 2–10 cm groß, duftend, lange Blühdauer.

Besonderheiten: Die meisten dieser Arten wachsen in Gebieten mit heißen Tagen und kühlen Nächten, wenig Niederschlag und starker Taubildung.

Dendrobium ellipsophyllum

Dendrobium wattii

Dendrobium

Gruppe: *Distichophyllum*

Swartz 1799

Arten: Über 35 Arten.

Beispiele: *Dendrobium ellipsophyllum, Dendrobium oligophyllum, Dendrobium revolutum, Dendrobium uniflorum.*

Verbreitung: Von Myanmar bis Neukaledonien. In Höhenlagen von 200–1000 m, in heißen Gegenden auch höher. Bevorzugt Gebiete mit regelmäßigen Niederschlägen.

Wuchsform: Sympodial; Rhizom kurz, büschelig; Pseudobulben länglich, während des Wachstums Neutriebe dicht beblättert, 30–70 cm lang; Blattspanne 10–15 cm.

Blüte: Zahlreiche, meist ein- bis zweiblütige Büschel aus den Nodien der Vorjahrestriebe entspringend, 3–4 cm groß.

Besonderheiten: Topfkultur empfohlen. Lange Bulben sollten gestützt werden.

temp. – warm		*temp. – warm*
HS – Sonne		*HS – Sonne*
mäßig		*mäßig*
Nein		*Nein*
AB		*AB*

Dendrobium

Gruppe: *Formosae* (*Nigrohirsutae*)

Swartz 1799

Arten: Über 30 Arten.

Beispiele: *Dendrobium bellatulum, Dendrobium formosum, Dendrobium cruentum, Dendrobium sanderae.*

Verbreitung: Indien, Südostasien und Philippinen. Epiphytisch, Hauptvorkommen in 1000–1500 m Höhe.

Wuchsform: Sympodial; Rhizom kurz; Pseudobulben länglich, dünn bis eiförmig, 5–80 cm groß; Blätter endständig, 3–8 cm lang.

Blüte: Blütenstand endständig, 3–8 cm lang, aufrecht; 2–5 Blüten, weißgrundig, 5–12 cm groß, gelegentlich duftend, lange Blühdauer.

Besonderheiten: Im Winter trockener, aber nur wenig kühler halten. Leicht besprühen. *Den. cruentum* und Verwandte mögen es ganzjährig wärmer.

Dendrobium polysema

Dendrobium petiolatum

Dendrobium
Gruppe: *Latouria*
Swartz 1799

Arten: Über 50 Arten.

Beispiele: *Dendrobium aberrans, Dendrobium eximium, Dendrobium rhodostictum, Dendrobium spectabile*.

Verbreitung: Papua-Neuguinea, Samoa und Philippinen. Meist in 1000–2000 m Höhe vorkommend, in Gebieten mit gleichmäßigen Temperaturen und Niederschlägen.

Wuchsform: Sympodial; Rhizom 1–3 cm lang; Pseudobulben 5–80 cm hoch; 2–3 endständige Blätter, ledrig, 3–15 cm.

Blüte: Blütenstand endständig, selten verzweigend, aufrecht; Blüten zahlreich, 2–7 cm groß, lange Blühdauer.

Besonderheiten: Gleichmäßig temperiert das ganze Jahr kultivieren. Alte, bereits abgeblühte Pseudobulben können wieder Blütenrispen produzieren.

Latouria		Oxyglossum
temp. – warm		*kühl – temp.*
HS – Sonne		*Sch – HS*
mäßig		*mäßig – feucht*
Nein		*Nein*
A		*B*

Dendrobium
Gruppe: *Oxyglossum*
Swartz 1799

Arten: Über 50 Arten.

Beispiele: *Dendrobium cyanocentrum, Dendrobium hellwigianum, Dendrobium pentapterum, Dendrobium vexillarius.*

Verbreitung: Papua-Neuguinea, Samoa und benachbarte Inseln. Epiphytisch in 1500–4000 m Höhe.

Wuchsform: Sympodial; Rhizom sehr kurz, büschelig; Pseudobulben 0,5–4 cm groß; 2–3 endständige Blätter, 1–7 cm lang.

Blüte: Blütenstand seitlich, 1–3 cm lang; Blüten zahlreich, an mehreren Blütenständen gleichzeitig, 1–4 cm groß.

Besonderheiten: Gleichmäßig kühl oder temperiert kultivieren. Für feuchte Frischluft sorgen und auf gute Wasserqualität achten. Vorsicht mit Spritzmitteln.

Dendrobium bracteosum

Dendrobium biggibum var. *compactum*

Dendrobium

Gruppe: *Pedilonum*

Swartz 1799

Arten: Über 80 Arten.

Beispiele: *Dendrobium bracteosum, Dendrobium dichaeoides, Dendrobium goldfinchii, Dendrobium smillieae.*

Verbreitung: Indien bis Samoa, Papua-Neuguinea. Epiphytisch im tropischen Regenwald, meist in 500–2000 m Höhe, selten lithophytisch.

Wuchsform: Sympodial; Rhizom kurz, büschelig; Pseudobulben 5–120 cm lang, Neutrieb dicht beblättert; Blätter krautig, 4–8 cm lang, laubabwerfend.

Blüte: Blütenstand seitlich, 2–8 cm lang; Blüten zahlreich, büschelig, sich meist nicht ganz öffnend, 0,5–4 cm groß.

Besonderheiten: Im Winter trockener und etwas kühler halten. An warmen Tagen morgens und abends besprühen.

Pedilonum		*Phalaenanthe*
temp. – warm		*temp. – warm*
HS – Sonne		*Sonne*
mäßig – feucht		*mäßig*
Nein		*Ja*
AB		*AB*

Dendrobium

Gruppe: *Phalaenanthe*

Swartz 1799

Arten: Etwa 6 Arten.

Beispiele: *Dendrobium affine, Dendrobium biggibum, Dendrobium striaenopsis, Dendrobium williamsianum.*

Verbreitung: Timor, Neuguinea bis Nordaustralien. Epi- und lithophytisch in niedrigen Lagen wachsend, in Gebieten mit regenreichem Frühjahr, heißem Sommer und trockenem Winter.

Wuchsform: Sympodial; büschelig, Pseudobulben schlank, 10–30 cm hoch; wenig beblättert, Blatt ledrig, 3–6 cm lang.

Blüte: Blütenstand 10–45 cm lang, endständig; Blüten zahlreich, traubig, 3–6 cm groß, lange Blühdauer.

Besonderheiten: Temperiert bis warm kultivieren. Im Winter trockener und etwas kühler halten.

Dendrobium tangerinum

Dendrobium ciliatum

Dendrobium
Gruppe: *Spatulata*
SWARTZ 1799

Arten: Über 50 Arten.

Beispiele: *Dendrobium antennatum, Dendrobium discolor, Dendrobium gouldii, Dendrobium tangerinum.*

Verbreitung: Philippinen, Java, Samoa, Neuguinea. Epiphytisch, lithophytisch, in Gebieten mit ganzjährigen Niederschlägen, in 0–500 m Höhe.

Wuchsform: Sympodial; Rhizom 3–5 cm lang; Bulben schlank, 20–120 cm hoch; Blätter fleischig, 5–9 cm lang.

Blüte: Blütenstände endständig, aufrecht, verzweigend, bis 50 cm hoch; Blüten zahlreich, 4–9 cm groß, Petalen nach oben gebogen, gedreht. Sehr lange Blühdauer.

Besonderheiten: Gleichmäßige Kultur das ganze Jahr. Düngergaben im Wachstum erhöhen.

Dendrobium
Gruppe: *Stachyobium*
SWARTZ 1799

Arten: Über 35 Arten.

Beispiele: *Dendrobium delacourii, Dendrobium denudans, Dendrobium garrettii, Dendrobium venustum.*

Verbreitung: Indien und Südostasien. Epiphytisch in Höhenlagen von 1000–2000 m, aber auch niedriger wachsend, bevorzugen Gebiete mit trockenen Wintern.

Wuchsform: Sympodial; Bulben kurz, eiförmig-länglich, 5–20 cm hoch; Blätter fleischig, kurz, Blattspanne 5–15 cm, Laubfall.

Blüte: Blütenstände seitlich, aufrecht oder überhängend, 4–35 cm lang; drei bis zahlreiche Blüten, 2–4,5 cm groß.

Besonderheiten: Topf- und Blockkultur möglich. Im Winter nur leicht übersprühen, wenig gießen, nicht kälter halten.

temp. – warm		*temp.*
HS – Sonne		*HS – Sonne*
mäßig		*mäßig*
Nein		*Ja*
A		*AB*

Dendrochilum pulcherrinum

Dendrophylax varius

Dendrochilum

Blume 1825

Arten: Über 150 Arten.

Beispiele: *Dendrochilum arachnites, Dendrochilum cobbianum, Dendrochilum filiforme, Dendrochilum magnum.*

Verbreitung: Südostasien, Indonesien, Philippinen und Neuguinea. Epiphytisch, auch lithophytisch wachsend, bis 1000 m Höhe.

Wuchsform: Sympodial; Rhizom kriechend, stark verzweigend; Pseudobulben büschelförmig angeordnet, keulenförmig länglich, 5–10 cm hoch, 2–3 endständige, lanzettliche bis breite Blätter, 10–65 cm lang.

Blüte: Blütenstände basal entspringend, 10–65 cm lang; überhängende Trauben mit vielen, bis 1 cm großen Blüten.

Besonderheiten: Vorteilhaft ist die Kultur in flachen Schalen. Bei kleinen Arten Blockkultur möglich.

Dendrochilum		Dendrophylax
temp. – warm		temp. – warm
HS		Sonne
mäßig		mäßig
Nein		Nein
ABD		B

Dendrophylax

Garay 1969

Arten: Etwa 5 Arten.

Beispiele: *Dendrophylax fawcetti, Dendrophylax funalis, Dendrophylax varius.*

Verbreitung: Westindische Inseln und Florida. Epiphytisch an Stämmen in warmen, luftfeuchten Gegenden wachsend.

Wuchsform: Monopodial; Stamm sehr kurz; blattlose Orchidee mit relativ wenigen, grünlich-grauen Wurzeln bis 15 cm Länge.

Blüte: Blütenstand aufrecht, 12–32 cm lang; 4–15 sich nacheinander öffnende Blüten, weiß bis grünlich gefärbt, 3–6 cm groß, duftend.

Besonderheiten: Blattlose Orchidee, die nur aufgebunden wächst. Frühjahr bis Herbst viel sprühen, aber schnell abtrocknen lassen. Gleichmäßige Luftfeuchte ist von Vorteil.

Diaphananthe rutila

Dichaea vaginata

Diaphananthe

SCHLECHTER 1914

Arten: Über 45 Arten.

Beispiele: *Diaphananthe bidens, Diaphananthe burtii, Diaphananthe pellucida, Diaphananthe rutila.*

Verbreitung: Tropisches Afrika, südwärts bis Natal. Epiphytisch im Schatten des tropischen Regenwaldes auf Stämmen kletternd, in 300–1800 m Höhe.

Wuchsform: Monopodial; Stamm aufrecht, an der Basis verzweigend, 5–20 cm hoch; dicht zweizeilig beblättert, Blätter fleischig, 5–10 cm lang.

Blüte: Mehrere Blütenstände seitlich entspringend, hängend, 10–45 cm lang, locker traubig besetzt; Blüte 1–2,5 cm groß, kurz gespornt.

Besonderheiten: Blockkultur auf langen Unterlagen erforderlich, damit die Pflanzen hochklettern können.

Dichaea

LINDLEY 1833

Arten: Über 140 Arten.

Beispiele: *Dichaea cogniauxiana, Dichaea latifolia, Dichaea pendula, Dichaea rubroviolacea.*

Verbreitung: Weit verbreitet im tropischen Amerika. Epiphytisch in 200–2800 m Höhe, im feuchten Regenwald oder immerfeuchten Nebelwald, auf bemoosten Stämmen.

Wuchsform: Sympodial; Rhizom kurz, büschelig; Stämme aufrecht oder hängend, 20–40 cm lang; dicht beblättert, Blätter 2–5 cm kurz, fleischig.

Blüte: Blütenstände zu mehreren, seitlich zwischen den Blättern entspringend; Blüte 1–3 cm groß.

Besonderheiten: Blockkultur für die hängenden Arten empfohlen, ansonsten Topfkultur. Gleichmäßig hohe Luftfeuchte sehr wichtig.

Diaphananthe		Dichaea
temp. – warm		*kühl – warm*
HS – Sonne		*HS – Sonne*
mäßig		*mäßig – feucht*
Nein		*Nein*
B		*AB*

Diplocaulobium phalangium

Dipteranthus grandiflorus

Diplocaulobium

(Reichenbach f.) Kraenzlin 1910

Arten: Über 100 Arten.

Beispiele: *Diplocaulobium chrysotropis, Diplocaulobium regale, Diplacaulobium tipula, Diplocaulobium tentaculatum.*

Verbreitung: Malaysia bis Neuguinea, Pazifische Inseln und Nordostaustralien. Epiphytisch auf moosbewachsenen Bäumen, in 700–2100 m Höhe.

Wuchsform: Sympodial; büschelig, Stamm 5–20 cm hoch; 1 endständiges Blatt, ledrig, lanzettlich, 5–20 cm lang.

Blüte: Kurz oder lang gestielte Einzelblüten, endständig, aufrecht, Blüte ansehnlich, häufig sternförmig oder rund, Blühdauer ein Tag.

Besonderheiten: Blockkultur empfohlen. Für gleichmäßige Temperatur und Feuchtigkeit sorgen.

Diplocaulobium		Dipteranthus
temp. – warm		*temp. – warm*
HS – Sonne		*HS – Sonne*
mäßig		*mäßig*
Nein		*Nein*
AB		*B*

Dipteranthus

Barbosa Rodrigues 1882

Arten: Etwa 12 Arten.

Beispiele: *Dipteranthus duchii, Dipteranthus estradae, Dipteranthus grandiflorus.*

Verbreitung: Tropisches Mittel- und Südamerika. Epiphytisch auf Zweigen im feuchten Regenwald in bis zu 1100 m Höhe, oft auch in Zitrusplantagen.

Wuchsform: Sympodial; Wurzeln fein, büschelig; ohne oder nur sehr kleine Pseudobulben; Blätter fächerartig angeordnet, 3–7 cm lang, krautig bis fleischig.

Blüte: Blütenstände blattachselbürtig, waagerecht bis hängend, locker traubig; 5–30 Blüten, nur 0,4–0,8 cm.

Besonderheiten: Blockkultur. Für konstant hohe Luftfeuchte sorgen. Am Naturstandort bildet sich morgens und abends Tau.

Disa uniflora

Dockrillia mortii

Disa

BERGIUS 1767

Arten: Etwa 130 Arten.

Beispiele: *Disa atricapilla, Disa hamatopetala, Disa stolzii, Disa tenuifolia, Disa tripetaloides, Disa uniflora.*

Verbreitung: Zentral- und Ostafrika, Madagaskar, Maskarenen. Terrestrisch in 1000–2800 m Höhe wachsend.

Wuchsform: Sympodial; Wurzeln knollig; Stamm unverzweigt, dicht beblättert; Blätter krautig, schmal lanzettlich bis 30 cm lang.

Blüte: Blütenstände gipfelständig, aufrecht, bis 50 cm hoch; eine bis viele Blüten, 3–12 cm groß, sehr ansehnlich, oberes Sepalum meist kapuzenförmig.

Besonderheiten: Flache Schalen empfohlen. Für gute Wasserqualität sorgen, im Wachstum leicht feucht halten. Substratgemisch aus Sand und Sphagnum. Kultur schwierig.

Disa		Dockrillia
kühl – temp.		temp. – warm
Sch – HS		HS – Sonne
feucht		mäßig
Ja		Ja
E		B

Dockrillia

BRIEGER 1981

Arten: Über 30 Arten.

Beispiele: *Dockrillia cucumerina, Dockrillia linguiformis, Dockrillia mortii, Dockrillia wassellii.*

Verbreitung: Australien, Neuguinea, Neu-Kaledonien, Vanuatu. Epi- und lithophytisch im feuchten Regenwald, in 50–1300 m Höhe.

Wuchsform: Sympodial; Rhizom kurz, büschelig, Stämme 2–12 cm hoch; ein endständiges Blatt, Blatt ledrig, sukkulent, stielrund, 5–40 cm lang.

Blüte: Blütenstand endständig, aufrecht oder hängend, 5–20 cm lang, traubig; Blüte meist nicht resupinierend, 1–3,5 cm groß.

Besonderheiten: Blockkultur empfohlen. Nach dem Besprühen müssen Pflanzen schnell wieder abtrocknen. Sie lieben Wärme und Sonne.

Domingoa hymenoides

Doritis pulcherrima var. *conburyi*

Domingoa

SCHLECHTER 1913

Arten: 2 Arten und eine Naturhybride.
Beispiele: *Domingoa haematochila, Domingoa nodosa, Domingoa × suisana.*
Verbreitung: Dominikanische Republik, Hispaniola, Puerto Rico, Kuba. Epiphytisch in den Bergen, in 500–1200 m Höhe.
Wuchsform: Sympodial; Rhizom kurz büschelig, Stamm 2–5 cm hoch; ein endständiges Blatt, Blatt fleischig, 5–10 cm lang.
Blüte: Blütenstand 10–15 cm lang, aufrecht, endständig; Einzelblüte, 2–3 cm groß. Pflanzen blühen meist mehrmals hintereinander.
Besonderheiten: Blockkultur empfohlen. Topfkultur möglich, aber Pflanzen müssen schnell wieder abtrocknen. Blütengröße und -farbe sind abhängig vom Fundort.

Domingoa		Doritis
temp. – warm		temp. – warm
HS – Sonne		HS – Sonne
mäßig		mäßig
Nein		Nein
AB		A

Doritis

LINDLEY 1833

Arten: Etwa 1–5 Arten.
Beispiele: *Doritis pulcherrima, Doritis buyssoniana.*
Verbreitung: Ceylon, Indien, Nepal, Myanmar, Thailand, Laos, Malaiische Halbinsel, Sumatra und Borneo. Epiphytisch, lithophytisch und terrestrisch, nicht über 500 m Höhe.
Wuchsform: Monopodial; kurzer Stamm, dicht beblättert, Seitentriebe bildend, bis 25 cm hoch; Blätter zahlreich, hart, ledrig. 10–40 cm Blattspanne.
Blüte: Blütenstände seitlich entspringend, bis 80 cm hoch, nacheinander aufblühend; Blüten 2–4 cm groß, Blütenblätter meistens nach hinten gebogen, Farbe sehr variabel.
Besonderheiten: Topfkultur empfohlen. *Doritis* kann Trockenheit vertragen.

Dracula cordobae

Dresslerella pilosissima

Dracula

LUER 1978

Arten: Etwa 80–120 Arten.

Beispiele: *Dracula bella, Dracula chimaera, Dracula nosferatu, Dracula vampira.*

Verbreitung: Andenbereich Südamerikas und angrenzendes Hochland. Epiphytisch im immerfeuchten Nebelwald in Höhenlagen über 1500 m.

Wuchsform: Sympodial; Rhizom kriechend; kurze einblättrige, aufrechte Sprosse, 1–3 cm hoch; Blatt verkehrt eiförmig, 5–20 cm groß.

Blüte: Blütenstand hängend, selten aufrecht; meist Einzelblüte, Blüte auffällig, 2–15 cm groß.

Besonderheiten: Kultur in Körbchen oder Gittertöpfen erforderlich. Für gute Wasserqualität und feuchte Frischluft sorgen. Keine extreme Hitze im Sommer.

Dracula		Dresslerella
kühl – temp.		*temp. – warm*
Sch – HS		*Sch – HS*
feucht		*mäßig – feucht*
Nein		*Nein*
C		*AB*

Dresslerella

LUER 1976

Arten: Etwa 9 Arten.

Beispiele: *Dresslerella hirsutissima, Dresslerella pertusa, Dresslerella pilosissima, Dresslerella powellii.*

Verbreitung: In den Tropen Amerikas, von Nicaragua bis Peru. Epiphytisch auf kleinen Zweigen, in Nebelwäldern bis zu 1500 m Höhe.

Wuchsform: Sympodial; Rhizom kurz, kriechend, verzweigend; kurze einblättrige, aufrechte, sehr dünne Stämme, 3–4 cm hoch; Blatt dickledrig, behaart, 5–10 cm lang.

Blüte: Blütenstand terminal, aufrecht, 1–6 cm; einblütig, nacheinander blühend, Blüte nicht öffnend, behaart, 1–3 cm groß.

Besonderheiten: Gut für Vitrinen. Blockkultur empfohlen. Feuchte Frischluft vorteilhaft.

Dryadella albicans

Dyakia hendersoniana

Dryadella

Luer 1978

Arten: Über 30 Arten.

Beispiele: *Dryadella albicans, Dryadella dodsonii, Dryadella hirtzii, Dryadella zebrina.*

Verbreitung: Guatemala bis Brasilien. Epiphytisch im tropischen Regen- und Nebelwald, in 400–2500 m Höhe.

Wuchsform: Sympodial; Rhizom kurz, verzweigend, büschelig; kurze einblättrige, aufrechte, dünne Stämme, 1–2 cm hoch; Blatt weich, 2–6 cm lang.

Blüte: Blütenstand sehr kurz; einblütig, Blüte 1–2 cm groß, häufig zwischen den Blättern versteckt, gelb bis grünlich, gepunktet.

Besonderheiten: Pflanzen dieser Gattung eignen sich gut für Vitrinen. Blockkultur empfohlen. Feuchte Frischluft vorteilhaft. Sehr vorsichtig düngen.

Dyakia

Christensen 1986

Arten: Monotypisch, nur 1 Art.

Beispiele: *Dyakia hendersoniana.*

Verbreitung: Borneo. Epiphytisch im tropischen Regenwald, in Ufernähe oder jahreszeitlich überschwemmten Wäldern.

Wuchsform: Monopodial; kurzer, unverzweigter Stamm, aufrecht, 5–15 cm hoch; zweizeilig beblättert, Blätter flach, waagerecht abstehend, fleischig, 5–10 cm lang.

Blüte: Blütenstände aufrecht, seitlich achselständig, deutlich länger als die Blätter; Blüten dicht vielblütig in einer zylindrischen Traube, 1–1,5 cm groß.

Besonderheiten: Pflanzen dieser Gattung eignen sich gut für Vitrinen. Blockkultur empfohlen, Topfkultur möglich. Diese Gattung liebt Wärme und hohe Luftfeuchte.

temp.		temp. – warm
Sch – HS		HS – Sonne
mäßig – feucht		mäßig – feucht
Nein		Nein
AB		AB

Elleanthus spec.

Embreea rodigasiana

Elleanthus

Presl 1827

Arten: Über 120 Arten.

Beispiele: *Elleanthus amethystinus, Elleanthus curtii, Elleanthus hymenophorus, Elleanthus robustus.*

Verbreitung: Mittelamerika bis Brasilien, Hauptvorkommen in den Anden. Epiphytisch oder terrestrisch, in tropischen Regenwäldern oder entlang von Flussläufen, in 400–3500 m Höhe.

Wuchsform: Sympodial; Rhizom kurz, Stämme aufrecht, bis 1 m hoch, an der Spitze beblättert; Blätter krautig, lanzettlich, 5–15 cm lang.

Blüte: Blütenstände gipfelbürtig, 15–25 cm lang; dicht besetzt, viele Blüten, 0,2–3 cm groß.

Besonderheiten: Kühl oder temperiert kultivieren. Durchlässiges Substrat verwenden. In der Wachstumsphase feucht halten.

kühl – temp.		*temp. – warm*
HS – Sonne		*HS*
feucht		*mäßig*
Ja		*Ja*
A		*C*

Embreea

Dodson 1980

Arten: 2 Arten.

Beispiele: *Embreea rodigasiana, Embreea herrenhusana.*

Verbreitung: Kolumbien und Ecuador. Epiphytisch in tropischen, feuchten Regenwäldern in 500–1000 m Höhe.

Wuchsform: Sympodial; Rhizom kurz; Pseudobulben eiförmig, 4 kantig, 4–7 cm hoch, einblättrig; Blatt aufrecht, elliptisch, 20–50 cm hoch, ledrig.

Blüte: Blütenstände einzeln bis mehrere, hängend, einblütig, 15–25 cm lang; Blüten fleischig, 8–12 cm groß, kurzlebig.

Besonderheiten: Diese Gattung ist eng mit *Stanhopea* verwandt. Die nach unten gerichteten Blütenstände machen eine Kultur im Korb erforderlich. Im Winter trockener, aber nicht kühler halten.

Encyclia megalantha

Encyclia aff. *radiata*

Encyclia

HOOKER 1828

Arten: Weit über 300 Arten.

Beispiele: Eine Bearbeitung oder Unterteilung in Sektionen fehlt.

Verbreitung: Karibik, Mittel- und Südamerika. Epi- und lithophytisch, auch terrestrisch, in 0–2500 m Höhe.

Wuchsform: Sympodial; Rhizom kurz; Pseudobulben kugelig bis eiförmig, abgeflacht, 3–12 cm hoch, ein oder zweiblättrig; Blätter aufrecht, meist lanzettlich, fleischig bis ledrig, 10–40 cm hoch.

Blüte: Blütenstände endständig, 15–120 cm lang; Blüten 2–8 cm groß, lange Blühdauer.

Besonderheiten: Die Gattung bildet im Gegensatz zu *Epidendrum* Pseudobulben. Auf den nächsten Seiten folgt eine Einteilung in drei Kulturgruppen.

temp. – warm		*temp.*
HS – Sonne		*HS – Sonne*
gering – mäßig		*mäßig*
Ja/Nein		*Nein*
AB		*AB*

Encyclia

Gruppe: *Anacheilium*

HOOKER 1828

Arten: Weit über 60 Arten.

Beispiele: *Encyclia calamaria, Encyclia cochleata, Encyclia fragrans, Encyclia radiata.*

Verbreitung: Venezuela, Kolumbien, Mexiko, Guatemala, Honduras, Westindische Inseln. Epi-, lithophytisch und terrestrisch, in 200–1500 m Höhe, gelegentlich auch höher.

Wuchsform: Sympodial; Rhizom 1–3 cm lang; Pseudobulben elliptisch, abgeflacht, 3–10 cm groß, zweiblättrig; Blätter aufrecht, meist lanzettlich, krautig bis fleischig, 10–20 cm hoch.

Blüte: Blütenstände endständig, 5–20 cm hoch; Blüten 2–8 cm groß, nicht resupinierend, lange Blühdauer.

Besonderheiten: Diese Arten sind sehr wüchsig und anspruchslos.

Encyclia mooreana

Encyclia citrina

Encyclia
Gruppe: *Encyclia*
HOOKER 1828

Arten: Weit über 250 Arten.
Beispiele: *Encyclia brassavolae, Encyclia cordigera, Encyclia hanburyi, Encyclia tampensis.*
Verbreitung Mexiko, Karibische Inseln, auch Südamerika. Epi- und lithophytisch, terrestrisch, z. T. an extremen Standorten, in 0–2500 m Höhe.
Wuchsform: Sympodial; Rhizom 1–2 cm lang; Pseudobulben kugelig, selten abgeflacht, 3–7 cm groß, ein- oder zweiblättrig; Blätter aufrecht, meist lanzettlich, fleischig bis ledrig, 10–40 cm hoch.
Blüte: Blütenstände endständig, 15–120 cm lang; Blüten 2–6 cm groß.
Besonderheiten: Am Naturstandort kommen hohe Temperaturschwankungen, lange Trockenheiten und starke Taubildung vor.

temp. – warm		*temp. – warm*
HS – Sonne		*Sonne*
gering		*gering*
Ja		*Ja*
AB		*AB*

Encyclia
Gruppe: *Euchile*
HOOKER 1828

Arten: Nur 2 Arten.
Beispiele: *Encyclia citrina, Encyclia mariae.*
Verbreitung: Mexiko. Epiphytisch in 1300–2200 m Höhe wachsend, meist in trockenen Eichenwäldern.
Wuchsform: Sympodial; Rhizom kurz, büschelig; Pseudobulben elliptisch, kugelig, 3–6 cm im Durchmesser, zweiblättrig; Blätter endständig, aufrecht, meist lanzettlich, krautig bis fleischig, 10–20 cm hoch.
Blüte: Blütenstände endständig, 5–20 cm hoch; Blüten 2–8 cm groß.
Besonderheiten: Blockkultur empfohlen. Warm und trocken halten. In der Ruhezeit morgens und abends leicht besprühen, in der Wachstumszeit stärker. *Encyclia citrina* wächst hängend!

Epidendrum grandiflorum

Epidendrum brassavolae

Epidendrum
Gruppe: Stämme röhrenförmig
Linné 1763

Arten: Weit über 1000 Arten.

Beispiele: *Epidendrum coronatum, Epidendrum ibaguense, Epidendrum paniculatum, Epidendrum pseudepidendrum.*

Verbreitung: Karibik, Mittel- und Südamerika. Epi- und lithophytisch, auch terrestrisch, im feuchten und trockenen Regenwald, in 0–2500 m Höhe.

Wuchsform: Sympodial; Rhizom kurz, Stämme aufrecht, 10–150 cm, mehr oder weniger dicht mit Blättern, besetzt; Blattspanne 6–15 cm.

Blüte: Blütenstände endständig, aufrecht oder überhängend, 10–30 cm lang; Blüten zahlreich, 1–5 cm groß.

Besonderheiten: Blockkultur bei kleinbleibenden Arten empfohlen. Lange Stämme abstützen.

temp. - warm		*temp. - warm*
HS - Sonne		*HS - Sonne*
mäßig		*mäßig*
Nein		*Ja*
AB		*AB*

Epidendrum
Gruppe: Stämme spindelförmig
Linné 1763

Arten: Etwa 50 Arten.

Beispiele: *Epidendrum brassavolae, Epidendrum ciliare, Epidendrum marmoratum, Epidendrum stanfordianum.*

Verbreitung: Karibik, Mittel- und nördliches Südamerika. Epiphytisch, auch terrestrisch, in 0–1500 m Höhe.

Wuchsform: Sympodial; Rhizom kriechend, Stämme aufrecht, spindelförmig, 10–40 cm hoch, endständig mit 2–4 Blättern besetzt; Blätter ledrig, 10–20 cm Blattspanne.

Blüte: Blütenstände endständig, gelegentlich auch basal, meist aufrecht, 10–50 cm lang; drei bis viele Blüten, 4–12 cm groß.

Besonderheiten: Diese Arten werden außerhalb der Wachstumsphase trocken gehalten.

Epigeneium nakaharaei

Eria spec.

Epigeneium

GAGNEPAIN 1932

Arten: Etwa 35 Arten.

Beispiele: *Epigeneium coelogyne, Epigeneium lyonii, Epigeneium nakaharaei, Epigeneium zebrinum.*

Verbreitung: Indien, China, Südostasien, Indonesien, Philippinen. Epiphytisch, lithophytisch, im tropischen, warmen immerfeuchten Regenwald, selten über 1500 m Höhe.

Wuchsform: Sympodial; Rhizom kriechend bis lang kletternd; Pseudobulben 2–8 cm groß; meist zweiblättrig, Blätter endständig, ledrig, 2–12 cm lang.

Blüte: Blütenstand endständig, 3–12 cm hoch, locker besetzt, selten Trauben; 1–6 Blüten, 2–8 cm groß.

Besonderheiten: Der kriechende Wuchs macht die Kultur in Schalen oder Blockkultur erforderlich.

Epigeneium		Eria
temp. – warm		*temp.*
HS		*HS*
mäßig		*mäßig*
Nein		*Nein*
BD		*ABD*

Eria

LINDLEY

Arten: Über 500 Arten.

Beispiele: *Eria albidotomentosa, Eria coronoria, Eria javanica, Eria multiflora.*

Verbreitung: Im tropischen Asien, Malaysia, Australien, Polynesien. Epiphytisch, lithophytisch und terrestrisch, in Regen- oder Nebelwald in 0–3500 m Höhe.

Wuchsform: Sympodial; sehr variabel im Wuchs, kleinbleibend bis sehr groß; Rhizom 2–15 cm lang, kriechend bis kletternd; Pseudobulben 2–10 cm hoch; zwei- bis vielblättrig.

Blüte: Blütenstände gipfel- oder blattachselbürtig, aufrecht oder überhängend, 10–60 cm lang; zwei bis viele Blüten, 1–8 cm groß.

Besonderheiten: Kultur in flachen Schalen oder Blockkultur empfohlen. Bei einigen Arten lange Unterlagen nötig.

Erycina echinata

Euanthe sanderiana

Erycina

Lindley 1853

Arten: 3–4 Arten.

Beispiele: *Erycina diaphana, Erycina echinata, Erycina hyalinobulbon.*

Verbreitung: Mexiko. Epiphytisch auf Zweigen in lichten Wäldern wachsend, in 300–1900 m Höhe.

Wuchsform: Miniaturorchidee; kurze bis lange Rhizome; 1,5–3 cm kleine Bulben; Pseudobulben mit 3–4 Blättern ummantelt, 1–2 endständige Blätter.

Blüte: Gebogener, bis 15 cm langer Blütenstand; bis zu 20 Blüten, Blüte bis 2,5 cm groß, Sepalen und Petalen unterentwickelt, dreilappige Lippe dominierend.

Besonderheiten: Blockkultur empfohlen. Arten mögen keine hohe Luftfeuchte; lediglich während des Wachstums sprühen, sonst vorsichtig mit Wasser umgehen.

Euanthe

Schlechter 1914

Arten: Monotypisch, nur eine Art.

Beispiele: *Euanthe sanderiana.*

Verbreitung: Philippinen. Häufig in Meeres- oder Flussnähe, auch über Wasser hängend, oft in praller Sonne, in etwa 500 m Höhe.

Wuchsform: Monopodial; aufrecht, 40–125 cm hoch, an der Basis gelegentlich im Alter verzweigend, zweizeilig dicht beblättert; Blätter sukkulent bis fleischig, 20–45 cm lang.

Blüte: Blütenrispen seitlich, aufrecht, 20–65 cm lang, locker besetzt; 6–12 Blüten, 6–9 cm groß, Bütenfarbe sehr variabel.

Besonderheiten: Körbchenkultur empfohlen. Von Frühjahr bis Herbst die Blattunterseiten und Wurzeln morgens und abends regelmäßig besprühen.

temp. - warm		temp. - warm
HS		HS - Sonne
gering		mäßig
Nein		Nein
B		C

Eulophia guineensis

Eurychone rothschildiana

Eulophia

R. Brown ex Lindley 1823

Arten: Etwa 200 Arten.

Beispiele: *Eulophia andamanensis, Eulophia guineensis, Eulophia keithii, Eulophia streptopetala.*

Verbreitung: Tropen Amerikas und Asiens, hauptsächlich aber Südafrika. Fast immer terrestrisch, selten über 1000 m Höhe.

Wuchsform: Sympodial; Rhizom kurz bis lang; Pseudobulben kräftig oder unterirdische Knollen; Blätter zahlreich, meist krautig; Pflanzengröße 30–80 cm.

Blüte: Blütenstände seitlich, aufrecht, selten überhängend, bis zu 100 cm hoch; sehr vielblütig im oberen Drittel, Blüte 4–6 cm groß.

Besonderheiten: Verträgt normales Epiphytensubstrat.

Eulophia		Eurychone
temp.		*temp. – warm*
HS		*HS*
mäßig		*mäßig*
Ja		*Nein*
A		*AB*

Eurychone

Schlechter 1918

Arten: 2 Arten.

Beispiele: *Eurychone rothschildiana, Eurychone galeandrae.*

Verbreitung: Tropisches Afrika, Sierra Leone bis Uganda und Zaire. Epiphytisch in der Nähe von Flüssen oder Wasserläufen, in bis zu 1300 m Höhe.

Wuchsform: Monopodial; einen kurzen, beblätterten Stamm bildend, bis 2 cm hoch; Blätter fleischig, ledrig, Blattspanne 10–25 cm.

Blüte: Blütenstände seitlich entspringend, bogig bis hängend, manchmal unter dem Blatt versteckt; mit bis zu 6 Blüten, je 3–6 cm groß, gespornt, nachts duftend.

Besonderheiten: Topf- und Blockkultur möglich. Vorsichtig übersprühen in den Morgen- und Abendstunden.

Fernandezia maculata

Galeandra leptoceras

Fernandezia

Ruiz & Pavon 1798

Arten: Etwa 9 Arten.

Beispiele: *Fernandezia ionanthera, Fernandezia sanguinea, Fernandezia subbiflora.*

Verbreitung: Mittel- und Südamerika. In den Höhenlagen der Anden in 2500–3200 m Höhe, im immerfeuchten Nebelwald.

Wuchsform: Monopodial; kriechend, einen kurzen, beblätterten Stamm bildend; Blätter fleischig, ledrig, Blattspanne 4–5 cm.

Blüte: Blütenstände seitlich entspringend; Einzelblüte, 2–3 cm groß, leuchtend rot, stetig hintereinander blühend.

Besonderheiten: Zwergorchideen. Blockkultur empfohlen, dabei Moos verwenden. Die Pflanzen reagieren sehr empfindlich auf Trockenheit, gute Wasserqualität nötig. Vorsicht bei Spritz- und Düngemitteln.

kühl – temp.		temp.
Sch – HS		HS – Sonne
mäßig		mäßig
Nein		Ja
B		AB

Galeandra

Lindley

Arten: Etwa 25 Arten.

Beispiele: *Galeandra batemannii, Galeandra baueri, Galeandra devoniana, Galeandra lacustris.*

Verbreitung: In den Tropen Amerikas. Epiphyten meist in flussnahen Wäldern, in bis zu 800 m Höhe.

Wuchsform: Sympodial; kurzes, kriechendes Rhizom; spindelförmige Bulben, 10–15 cm; Blätter endständig, bis zu 20 cm lang, laubabwerfend.

Blüte: Blütentrauben mit 3–6 Blüten, endständig, bis zu 5 cm groß; trompetenförmige Lippe, bis zu 6 cm lang.

Besonderheiten: Während des Wachstums feucht und schattig, in der kurzen Ruhephase trockener, heller und kühl kultivieren. Blätter nur vorsichtig oder gar nicht besprühen.

Galeottia grandiflora

Gastrochilus japonicus

Galeottia

A. Richard 1845

Arten: Etwa 12 Arten.

Beispiele: *Galeottia fimbriata, Galeottia grandiflora, Galeottia marginata, Galeottia negrensis.*

Verbreitung: Vorwiegend Kolumbien, aber auch in den Nachbarstaaten. Epiphyten feuchter Regenwälder, in 100–1800 m Höhe.

Wuchsform: Sympodial; Pseudobulben oval, büschelig wachsend, 6–8 cm hoch; zweiblättrig, Blatt krautig, 25–45 cm lang, 5–12 cm breit.

Blüte: Blütenstände seitlich entspringend, aufrecht oder überhängend, 10–18 cm lang; 1–4 Blüten von 5–12 cm Größe.

Besonderheiten: Topfkultur bei konstant hoher Luftfeuchte. Viel Wasser während des Wachstums, vorsichtig gießen nach der Blüte.

temp.		temp. – warm
HS		HS – Sonne
feucht		mäßig
Nein		Nein
A		AB

Gastrochilus

D. Don 1825

Arten: Etwa 20 Arten.

Beispiele: *Gastrochilus bellinus, Gastrochilus calceolare, Gastrochilus dasypogon, Gastrochilus japonicus.*

Verbreitung: Von Indien, Thailand, Malaysia und den umliegenden Inseln bis Japan. Epiphytisch in lichten Wäldern wachsend, in 400–1500 m Höhe.

Wuchsform: Monopodial; kurzer Stamm, 3–7 cm hoch; Blätter zweizeilig, schmal bis breit, 3–12 cm lang, fleischig oder ledrig.

Blüte: Blütenstand blattachselbürtig, kurz; 2–10 Blüten, häufig von Blättern verdeckt, Blüte fleischig, 2–4 cm groß, häufig duftend.

Besonderheiten: Kultur im Topf wie *Phalaenopsis*. Die kleineren Arten bevorzugen Blockkultur.

Gastrorchis humblotii

Gomesa crispa

Gastrorchis

THOUARS 1809

Arten: Etwa 6 Arten.

Beispiele: *Gastrorchis francoisii, Gastrorchis humblotii, Gastrorchis pulchra, Gastrorchis tuberculosa.*

Verbreitung: Madagaskar, Maskarenen. Meist terrestrisch, gelegentlich epiphytisch auf Pandanuss wachsend. In warmen, regenreichen Gebieten vorkommend.

Wuchsform: Sympodial; Pseudobulben länglich bis eiförmig, 4–12 cm hoch; dicht beblättert, Blätter krautig, 30–100 cm lang.

Blüte: Blütenstand basal entspringend, aufrecht, im oberen Drittel dicht besetzt; 6–12 Blüten, farbprächtig.

Besonderheiten: Kann in Epiphytenmischung kultiviert werden. Bei Blattfall weniger gießen, aber nicht kühler halten.

Gastrorchis		Gomesa
temp.		*temp.*
HS		*HS*
feucht		*mäßig*
Ja		*Nein*
A		*AB*

Gomesa

R. BROWN 1815

Arten: Etwa 20 Arten.

Beispiele: *Gomesa crispa, Gomesa divaricata, Gomesa paranaensis, Gomesa recurva.*

Verbreitung: Brasilien. Epiphyten im tropischen Regenwald, bevorzugt auf glatten Baumstämmen, selten über 1000 m Höhe.

Wuchsform: Sympodial; Rhizom 2–8 cm lang, kletternd; Pseudobulben schmal, länglich, gepreßt, 5–10 cm hoch; 1–2 endständige Blätter, ledrig, 15–30 cm lang.

Blüte: Blütenstand blattachselbürtig, aufrecht, überhängend, 10–35 cm lang, dicht traubig besetzt; Blüten 2–4 cm groß.

Besonderheiten: Die Topfkultur ist bei Arten mit kurzen Rhizomen vorteilhaft, ansonsten ist Kultur auf Unterlage empfehlenswert.

Gongora sanderiana

Grammatophyllum elegans

Gongora

RUIZ & PAVON 1794

Arten: Über 50 Arten.

Beispiele: *Gongora armeniaca, Gongora chocoensis, Gongora galeata, Gongora quinquenervis.*

Verbreitung: In den südamerikanischen Tropen von Mexiko bis Peru und Brasilien. Epiphytisch, auch lithophytisch wachsend.

Wuchsform: Sympodial; Pseudobulben büschelig angeordnet, kantig, 4–7 cm hoch; mit zwei endständigen Blättern, Blätter krautig bis ledrig, 20–50 cm hoch.

Blüte: (Mehrere) Blütenstände am Grunde der Pseudobulben entspringend, traubig, hängend, locker vielblütig. Blüten grotesk geformt, 3–5 cm groß.

Besonderheiten: Kultur im Ampeltopf oder Körbchen erforderlich. Kann mehrmals nacheinander blühen. Blätter nicht besprühen.

Gongora		Grammatophyllum
temp.		temp. – warm
HS		HS – Sonne
mäßig		mäßig
Nein		Nein
AC		A

Grammatophyllum

BLUME 1825

Arten: Etwa 12 Arten.

Beispiele: *Grammatophyllum elegans, Grammatophyllum measuresianum, Grammatophyllum scriptum, Grammatophyllum speciosum.*

Verbreitung: Südostasien, Philippinen, Neuguinea, Polynesien. Im lichten Laubwald in 200–1300 m Höhe vorkommend.

Wuchsform: Sympodial; Pseudobulben büschelig angeordnet, spindelförmig, 3–10 cm hoch; mit 2–5 endständigen Blättern, ledrig, elliptisch, 30–50 cm groß.

Blüte: Blütenstände am Grunde der Pseudobulben entspringend, traubig, aufrecht überhängend, locker vielblütig, bis 50 cm lang; Blüte 6–8 cm groß.

Besonderheiten: Große Töpfe verwenden, halbschattig stellen. Für hohe Luftfeuchte sorgen. Diese Orchideen reagieren empfindlich auf Störungen.

Grobya galeata

Habenaria myriotricha

Grobya
Lindley 1835

Arten: 4 Arten.
Beispiele: *Grobya amherstiae, Grobya fascifera, Grobya galeata, Grobya guiselii.*
Verbreitung: Brasilien. Epiphyten auf Bäumen, in Höhenlagen bis 1000 m.
Wuchsform: Sympodial; kurzes, kriechendes Rhizom; Pseudobulben kugel- bis eiförmig, mehrblättrig, 3–4 cm hoch; Blätter krautig, bis 30 cm groß.
Blüte: Blütenstand am Grunde der Pseudobulben entspringend, traubig, gebogen, locker vielblütig, 10–20 cm lang; Blüten 3–4 cm groß. Auffällige Blüte durch miteinander verwachsene Petalen und helmförmiges, dorsales Sepalum.
Besonderheiten: Nach Entwicklung der Pseudobulben trockener halten, ansonsten ist höhere Luftfeuchte von Vorteil.

Grobya	Habenaria
temp.	temp.
HS	HS
mäßig	feucht
Ja	Ja
A	E

Habenaria
Willdenow 1805

Arten: Über 600 Arten.
Beispiele: *Habenaria radiata, Habenaria rhodocheila, Habenaria splendens.*
Verbreitung: In den Tropen und gemäßigten Zonen der Erde, besonders Südamerika, Asien und Afrika. Terrestrisch, in 500–2500 m Höhe.
Wuchsform: Sympodial; 2–4 cm kleine Knollen; Stamm aufrecht, 10–70 cm; dicht bis locker krautig beblättert, Blätter 10–15 cm lang.
Blüte: Blütenstand gipfelbürtig, aufrecht, 10–50 cm hoch, im oberen Teil dicht traubig besetzt; Blüten 2–4 cm groß.
Besonderheiten: Substrat für terrestrische Orchideen verwenden. Oberirdische Teile sterben nach der Blüte ab, nach Erscheinen des Austriebes wieder wärmer und feuchter halten.

Haraella odorata

Helcia brevis

Haraella
Kudo 1930

Arten: 1 oder 2 Arten.

Beispiele: *Haraella odorata, Haraella retrocalla.*

Verbreitung: Endemisch in Taiwan. Epiphyten auf dünnen Zweigen, in alten Wäldern zwischen 1000–2200 m Höhe.

Wuchsform: Monopodial; einen kurzen, beblätterten Stamm bildend, bis 2 cm hoch; Blätter schmal, fleischig, Blattspanne 4–7 cm.

Blüte: Blütenstände seitlich entspringend; 2–3 Blüten unter dem Blatt versteckt, 2–3 cm groß, gelblich mit rotbraunen Flecken auf der Lippe.

Besonderheiten: Topf- und Blockkultur möglich. Vorsichtig übersprühen in den Morgen- und Abendstunden. Gut geeignet für Vitrinenkultur.

temp. – warm		*temp.*
HS		*HS*
mäßig		*mäßig*
Nein		*Nein*
AB		*AB*

Helcia
Lindley 1845

Arten: Etwa 3–4 Arten.

Beispiele: *Helcia brevis, Helcia callichroma, Helcia picta, Helcia sanguinolenta.*

Verbreitung: In den Bergwäldern Kolumbiens und Ecuador. Epiphyten großer Bäume, schattig, wahrscheinlich in 1000–2000 m Höhe.

Wuchsform: Sympodial; Pseudobulben rund, eiförmig, büschelig wachsend, bis 8 cm hoch; einblättrig, Blatt schmal, fleischig, 10–20 cm groß.

Blüte: Blütenstände seitlich entspringend, aufrecht, bis 15 cm lang; 1–2 Blüten, 4–6 cm groß, häufig mehrere Bulben gleichzeitig blühend.

Besonderheiten: Kultur in kleinen Töpfen vorteilhaft, damit Pflanzen schnell abtrocknen. Blockkultur möglich.

Hexisea bidentata

Holcoglossum wangii

Hexisea

LINDLEY 1834

Arten: Etwa 6 Arten.

Beispiele: *Hexisea amparoana, Hexisea bidentata, Hexisea imbricata.*

Verbreitung: Mittelamerika, nördliches Südamerika, Westindische Inseln. Epiphyten in heißen und kühlen Gebieten.

Wuchsform: Sympodial; Pseudobulben rund, büschelig wachsend, bis 9 cm hoch; 2–3 endständige Blätter, schmal, fleischig, 8–12 cm lang. Neutriebe entstehen sowohl basal als auch endständig.

Blüte: Blütenstände gipfelbürtig, bis zu 3 cm lang; 3–6 Blüten, 2–3 cm groß, rot gefärbt.

Besonderheiten: Blockkultur mit langen Unterlagen empfohlen, Pflanzen müssen aber immer wieder angebunden werden. Temperaturbereich der Herkunft der Pflanze anpassen.

Holcoglossum

SCHLECHTER 1919

Arten: Etwa 12–14 Arten.

Beispiele: *Holcoglossum amesianum, Holcoglossum kimballianum, Holcoglossum subulifolium, Holcoglossum wangii.*

Verbreitung: Myanmar bis Taiwan. Epiphyten tropischer Gebiete, zum Teil in Höhenlagen bis 2200 m, bevorzugt in regenarmen, taureichen Gebieten.

Wuchsform: Monopodial; Stamm dicht beblättert, 5–20 cm hoch; Blätter zweizeilig, Blatt schmal, fleischig, stielrund, 5–20 cm lang, z. T. hängend wachsend.

Blüte: Blütenstände seitlich, aufrecht bis überhängend, 5–25 cm lang, 3–8 Blüten, 2–6 cm groß, weiß oder rosafarben mit abgesetzter Lippe.

Besonderheiten: Blockkultur empfohlen.

temp. – warm		*temp. – warm*
HS – Sonne		*HS – Sonne*
mäßig		*mäßig*
Nein		*Nein*
B		*B*

Houlletia brocklehurstiana

Houlletia

Brongniart 1841

Arten: Etwa 10 Arten.

Beispiele: *Houlletia brocklehurstiana, Houlletia odoratissima, Houlletia tigrina, Houlletia wallisii.*

Verbreitung: Costa Rica, Guatemala, Kolumbien, Brasilien, Bolivien. Epiphytisch, terrestrisch, im immerfeuchten Regenwald in 1000–1500 m Höhe wachsend.

Wuchsform: Sympodial; Pseudobulben oval, büschelig wachsend, bis 8 cm hoch; einblättrig, Blatt lang gestielt, krautig, 20–40 cm hoch.

Blüte: Blütenstände seitlich entspringend, aufrecht oder hängend, 10–55 cm lang, vielblütig traubig; Blüte nach unten hängend, 8–10 cm groß.

Besonderheiten: Kultur in Ampeln oder Körbchen empfohlen. In der Ruhephase trockener, aber nicht unbedingt kühler halten.

temp.		*temp.*
HS		*Sch – HS*
mäßig		*feucht*
Ja		*Nein*
AC		*A*

Huntleya meleagris

Huntleya

Lindley 1837

Arten: Etwa 10 Arten.

Beispiele: *Huntleya burtii, Huntleya heteroclita, Huntleya meleagris, Huntleya wallisii.*

Verbreitung: Costa Rica südwärts bis Bolivien, Trinidad. Epiphyten bemooster Stämme im feuchten Regenwald, in 500–1200 m Höhe.

Wuchsform: Sympodial; Rhizome sehr kurz, büschelig; bulbenlos; Blätter weich, fächerartig, bis 8 cm breit, 25–45 cm lang.

Blüte: Blütenstände grundständig, aufrecht, 7–15 cm hoch; Einzelblüten auffällig, 5–9 cm groß. Kann mehrmals pro Trieb blühen.

Besonderheiten: Die Pflanzen nie ganz austrocknen lassen. Vorsicht bei hohen Düngegaben, keine pralle Sonne im Sommer.

Ida strobelii

Ionopsis utricularioides

Ida

A. Ryan & Oakley 2003

Arten: Etwa 27 Arten.

Beispiele: *Ida ciliata, Ida locusta, Ida reichenbachii, Ida strobelii.*

Verbreitung: Mexiko bis Peru, Bolivien und Westindische Inseln. Epi- und lithophytisch, terrestrisch, in Wäldern in 1000–2800 m Höhe, meist an halbschattigen, felsigen Plätzen.

Wuchsform: Sympodial; Pseudobulben fleischig, 5–10 cm hoch; Blätter krautig, 40–80 cm lang, zu Beginn der Ruhephase absterbend.

Blüte: Blütenstände grundständig, aufrecht, 8–25 cm hoch, meist zu mehreren; Einzelblüten auffällig, 8–14 cm groß.

Besonderheiten: Deutliche Ruhephase. Erst nach Wurzelbildung wieder gießen, aber die Pflanzen nie ganz austrocknen lassen.

kühl – temp.	temp. – warm
HS	HS – Sonne
feucht	mäßig
Ja	Nein
A	B

Ionopsis

Kunth 1815

Arten: Etwa 10 Arten.

Beispiele: *Ionopsis costaricensis, Ionopsis paniculata, Ionopsis satyrioides, Ionopsis utricularioides.*

Verbreitung: Tropische und subtropische Regionen Südamerikas, Florida bis Bolivien und Paraguay. Epiphyten, in 0–1000 m Höhe.

Wuchsform: Sympodial; Rhizom kurz oder lang; Pseudobulben elliptisch, 2–3 cm groß, beblättert; Blatt steif, aufrecht, 6–9 cm groß.

Blüte: Blütenstand achselbürtig, 1–3 pro Pseudobulbe, 20–75 cm lang, traubig oder rispig besetzt; Blüten zahlreich, 0,8–1,5 cm groß, weiß mit rosa-blauem Muster.

Besonderheiten: Blockkultur auf kleinen Unterlagen empfohlen. Häufig besprühen, für schnelles Abtrocknen sorgen.

Isochilus linearis

Jumellea sagittata

Isochilus

R. BROWN 1813

Arten: Etwa 2–12 Arten, mehrere Farbvarietäten.

Beispiele: *Isochilus linearis, Isochilus major, Isochilus peruvianus, Isochilus ramosus.*

Verbreitung: Mittelamerika, nördliches Südamerika, Westindische Inseln. Epiphytisch, lithophytisch oder terrestrisch wachsend, von Meereshöhe bis 3900 m.

Wuchsform: Sympodial; büschelig, Stämme auf dem Boden liegend, rund, 20–45 cm lang, im oberen Teil dicht beblättert; Blätter krautig, 3–6,5 cm lang.

Blüte: Blütenstand sehr kurz, gipfelbürtig; 1–8 Blüten von 0,8–1,5 cm Größe.

Besonderheiten: Blockkultur möglich, Kultur in in Töpfen oder Schalen ist schwierig. Bulben wachsen auf dem Boden liegend.

Isochilus		Jumellea
temp.		*temp. – warm*
HS		*HS – Sonne*
feucht		*mäßig*
Nein		*Nein*
B		*A*

Jumellea

SCHLECHTER 1914

Arten: Über 50 Arten.

Beispiele: *Jumellea comorensis, Jumellea confusa, Jumellea sagittata, Jumellea teretifolia.*

Verbreitung: Madagaskar, Komoren, afrikanisches Festland. Epi- und lithophytisch in bis zu 1400 m Höhe.

Wuchsform: Monopodial; Stamm selten verzweigend, 20–100 cm hoch; Blätter zweizeilig, fleischig bis ledrig, 3–12 cm lang.

Blüte: Blütenstand blattachselbürtig, kurz; 1–2 fleischige Blüten, 2–6 cm groß, weiß, Sporn kurz bis sehr lang, meist kurze Blühdauer.

Besonderheiten: Für Topfkultur geeignet. Empfindlich gegen Wasser in den Blattachseln. Duft in der Nacht!

Kefersteinia pellita

Kingidium minus

Kefersteinia

REICHENBACH f. 1852

Arten: Etwa 35 Arten.

Beispiele: *Kefersteinia bertoldii, Kefersteinia candida, Kefersteinia gemma, Kefersteinia tolimensis.*

Verbreitung: Costa Rica, Nicaragua bis Brasilien im Süden und Peru im Westen. Epiphyten feuchter Wälder, schattig, in 300–2500 m Höhe.

Wuchsform: Sympodial; Rhizome sehr kurz; bulbenlos; Blätter weich, fächerartig, bis 2 cm breit, 10 cm lang.

Blüte: Blütenstände grundständig, aufrecht, einblütig, 2–5 cm hoch; Blüten 2–4 cm groß, Lippe gefranst. Kann mehrmals pro Trieb blühen.

Besonderheiten: Die Pflanzen nie ganz austrocknen lassen. Vorsicht bei hohen Düngegaben, keine pralle Sonne im Sommer.

temp.		*temp. – warm*
Sch – HS		*HS*
feucht		*mäßig*
Nein		*Nein*
AB		*AB*

Kingidium

P. F. HUNT 1970

Arten: Etwa 10–15 Arten.

Beispiele: *Kingidium deliciosum, Kingidium hookerae, Kingidium latifolium, Kingidium philippinense.*

Verbreitung: Sehr weit verbreitet von Ceylon bis zu den Philippinen. Epiphytisch wachsend, von Meereshöhe bis 1000 m.

Wuchsform: Monopodial; Wurzeln sehr zahlreich; kurzer Stamm, 1–7 cm hoch; Blätter zweizeilig, schmal bis breit, 5–22 cm lang, fleischig.

Blüte: Blütenstand blattachselbürtig, lang, manchmal verzweigend, hängend oder aufrecht; vielblütig, Blüte 1–1,5 cm klein, weiß bis gelblich, rosa.

Besonderheiten: Topf-, aber auch Blockkultur geeignet. Einige Arten sind laubabwerfend, treiben im Frühjahr wieder aus.

Koellensteinia graminea

Lacaena spectabilis

Koellensteinia

REICHENBACH f. 1854

Arten: Etwa 15 Arten.

Beispiele: *Koellensteinia altissima, Koellensteinia boliviensis, Koellensteinia graminea, Koellensteinia tricolor.*

Verbreitung: Venezuela, Kolumbien, Brasilien, Bolivien. Epiphytisch, selten terrestrisch wachsend in immerfeuchten Nebelwäldern, in 1000–2000 m Höhe.

Wuchsform: Sympodial; Stamm oft pseudobulbenartig verdickt; beblättert, Blätter 5–30 cm hoch, fest.

Blüte: Blütenstand blattachselbürtig, aufrecht, 5–40 cm hoch; 3–15 Blüten, 3–5 cm groß. Manchmal mehrere Monate lange Blüte, z. T. starker Duft.

Besonderheiten: Topfkultur vorteilhaft. Bei guter Kultur wachsen die Pflanzen schnell in die Breite und benötigen Platz.

temp.		temp.
Sch		HS
feucht		feucht
Nein		Ja
A		AC

Lacaena

LINDLEY 1843

Arten: Etwa 4 Arten.

Beispiele: *Lacaena bicolor, Lacaena grandis, Lacaena nicaraguensis, Lacaena spectabilis.*

Verbreitung: Mexiko bis Kolumbien. Epiphyten feuchter, tropischer Regenwälder, in Höhenlagen von 1200–1600 m.

Wuchsform: Sympodial; Rhizom kurz; Pseudobulben büschelig angeordnet, bis 12 cm hoch; zwei endständige Blätter, 9 cm breit, bis 50 cm lang.

Blüte: Blütenstand seitlich entspringend, hängend, 30–80 cm lang; dicht mit Blüten besetzt, Blüte 5–7 cm groß.

Besonderheiten: Kultur im Körbchen vorteilhaft. Während des Wachstums feucht halten, nach der Blüte trocken. Blätter nicht besprühen.

Laelia jongheana

Laelia purpurata

Laelia

LINDLEY 1831

Arten: Über 70 Arten.
Beispiele: Unterteilt in vier Gruppen.
Verbreitung: Weit verbreitet von Mexiko bis Brasilien. Epi- und lithophytisch, selten terrestrisch wachsend, in exponierten Lagen in 500–2500 m Höhe.
Wuchsform: Sympodial; Rhizom kurz bis lang, gelegentlich kletternd; Bulben meist länglich; 1–2 Blätter, ledrig bis sukkulent, 5–60 cm hoch.
Blüte: Blütenstände endständig, kurz oder lang; 1–10 Blüten von 1–15 cm Größe, meist längere Blühdauer.
Besonderheiten: Grundsätzlich lassen sich alle *Laelia* im selben Kulturraum kultivieren. Die Unterschiede der wichtigen drei Gruppen werden in den nächsten Spalten vorgestellt.

temp. – warm		*temp. – warm*
HS – Sonne		*Sonne*
mäßig		*mäßig*
Ja		*Ja*
ABC		*ABC*

Laelia

Gruppe: *Crispae*

LINDLEY 1831

Arten: Etwa 15 Arten, zahlreiche Varietäten.
Beispiele: *Laelia dayana, Laelia purpurata, Laelia pumila, Laelia tenebrosa.*
Verbreitung: Brasilien. Epi- und lithophytisch, häufig in voller Sonne, auf Bäumen meist in kleinerer Form, auf Stein in großen Büscheln, in 500–1500 m Höhe.
Wuchsform: Sympodial; Rhizome 4–8 cm lang; Pseudobulben länglich, 5–30 cm hoch; einblättrig, Blätter fleischig, 5–40 cm groß.
Blüte: Blütenstand endständig, aufrecht, 4–15 cm hoch; 1–6 Blüten von 5–16 cm Größe.
Besonderheiten: Wüchsig. Sehr hell kultivieren. Teilweise extreme Ruhephase für Blütenbildung erforderlich.

Laelia anceps

Laelia sulina

Laelia

Gruppe: *Laelia*

LINDLEY 1831

Arten: Etwa 12 Arten, viele Varietäten.

Beispiele: *Laelia anceps, Laelia autumnalis, Laelia gouldiana, Laelia rubescens.*

Verbreitung: Mittelamerika. Epi- und lithophytisch in lichten Gegenden wachsend, auch in voller Sonne, häufig am Rande von Kaffeeplantagen, in 1000–2500 m Höhe.

Wuchsform: Sympodial; Rhizome 3–15 cm lang; Pseudobulben eiförmig bis länglich, 5–20 cm hoch; meist einblättrig, Blätter fleischig, 10–25 cm hoch.

Blüte: Blütenstand endständig, 20–100 cm lang, aufrecht bis überhängend; meist 3–6 endständige Blüten, 3–10 cm groß.

Besonderheiten: Wüchsig. Temperaturunempfindlich. Heller Standort und Ruhephase für Blütenbildung erforderlich.

temp.		*temp.*
Sonne		*Sonne*
gering – mäßig		*gering*
Ja		*Ja*
AB		*AB*

Laelia

Gruppe: *Parviflorae*

LINDLEY 1831

Arten: Etwa 35 Arten.

Beispiele: *Laelia cinnabarina, Laelia flava, Laelia harpophylla, Laelia milleri.*

Verbreitung: Brasilien. Lithophytisch, selten epiphytisch, in voller Sonne oder im Schatten von Büschen, in 1000–2500 m Höhe. Dort ist es sehr heiß und feucht im Sommer, kühl und trocken im Winter.

Wuchsform: Sympodial; Rhizome kurz; Pseudobulben länglich, einblättrig, 3–10 cm hoch; Blätter kurz und sukkulent, 3–15 cm hoch.

Blüte: Blütenstand endständig, bis 40 cm lang; 3–9 Blüten, 2–4 cm groß, leuchtende Farben.

Besonderheiten: Heller Standort: Ruhephase für Blütenbildung erforderlich. Diese Arten sind als Steinlaelien bekannt.

Lanium aviculum

Lepanthes telipogoniflora

Lanium

LINDLEY 1881

Arten: Etwa 5 Arten.

Beispiele: *Lanium aviculum, Lanium berkeleyi, Lanium microphyllum, Lanium subulatum.*

Verbreitung: Kolumbien, Ecuador, Peru, Brasilien, Bolivien. Epiphytisch auf dünnen Ästen, meist im Nebelwald oder an Flussrändern wachsend, in 200–1800 m Höhe.

Wuchsform: Sympodial; Rhizom kriechend; Pseudobulben 1–3 cm klein; 1–2 endständige Blätter, 4–8 cm lang.

Blüte: Blütenstand endständig, behaart, aufrecht, 2–5 Blüten, 1–2 cm groß, grün-gelbliche Farbe, sternförmig.

Besonderheiten: Zwergepiphyten auf Unterlage kultivieren. *Lanium* benötigt während des Wachstums Wärme und Wasser, nach der Blüte heller und trockener halten.

temp.		temp. – warm
HS		Sch – HS
mäßig		feucht
Ja		Nein
AB		B

Lepanthes

SWARTZ 1799

Arten: Etwa 800 Arten.

Beispiele: *Lepanthes calodictyon, Lepanthes lindleyana, Lepanthes telipogoniflora.*

Verbreitung: Mittel- und Südamerika. Epiphytisch auf dünnen Zweigen im Halbschatten wachsend, selten lithophytisch, in 400–3000 m Höhe.

Wuchsform: Sympodial; Zwergepiphyten, etwa 3–8 cm hoch; Rhizom und Stämme kurz, mit runden bis länglichen Blättern.

Blüte: Blütenstand blattachselbürtig; eine bis mehrere zierliche Einzelblüten, 0,2–2 cm groß, Sepalen die Blüte dominierend.

Besonderheiten: Aufgebunden in Vitrinen oder Gewächshäusern kultivieren. Sie benötigen höhere Luftfeuchte und meist Wärme, Trockenzeiten werden nicht vertragen.

Lepanthopsis spec.

Leptotes bicolor

Lepanthopsis

AMES 1933

Arten: Etwa 25 Arten.

Beispiele: *Lepanthopsis acuminata, Lepanthopsis astrophora, Lepanthopsis cucullata, Lepanthopsis melanantha.*

Verbreitung: Von Florida bis Brasilien. Epiphytisch auf dünnen, bemoosten Zweigen im Halbschatten wachsend, in 400–3000 m Höhe.

Wuchsform: Sympodial; büschelig; Rhizom und Stämme kurz, etwa 3–5 cm hoch; runde bis längliche Blätter.

Blüte: Blütenstand blattachselbürtig, 3–6 cm lang; Trauben dicht besetzt mit 1–6 mm großen Blüten, Sepalen die Blüte dominierend.

Besonderheiten: Aufgebunden in Vitrinen oder Gewächshäusern kultivieren. Sie benötigen höhere Luftfeuchte und Wärme, darf nicht austrocknen!

temp. – warm		*temp. – warm*
HS		*Sonne*
feucht		*gering – mäßig*
Nein		*Nein*
B		*AB*

Leptotes

LINDLEY 1833

Arten: Etwa 8 Arten.

Beispiele: *Leptotes bicolor, Leptotes pauloensis, Leptotes tenuis, Leptotes unicolor.*

Verbreitung: Vorwiegend in Brasilien, aber auch in Argentinien und Paraguay. Epiphytisch in 500–1000 m Höhe wachsend.

Wuchsform: Sympodial; büschelig wachsende Zwergepiphyten; Rhizom und Stamm sehr kurz; Blätter stielförmig rund, 3–8 cm hoch.

Blüte: Blütenstand blattachselbürtig, 1–3 cm lang; Blüten 2–5 cm groß, meist ein-, selten mehrblütig.

Besonderheiten: Aufgebunden oder im Topf kultivieren. Nach der Blüte trocken halten. Verträgt sehr viel Sonne. Der Samen von *Leptotes bicolor* dient in Brasilien als Speisewürze.

Liparis latifolia

Liparis spec.

Liparis Gruppe: epiphytisch
L. C. RICHARD 1817

Arten: Über 100 Arten.

Beispiele: *Liparis condylobulbon, Liparis elegans, Liparis grossa, Liparis latifolia.*

Verbreitung: Asien, Amerika und Afrika. Epi- und lithophytisch, häufig in der Nähe von Bachläufen und Wasserfällen, in Höhenlagen selten über 1000 m.

Wuchsform: Sympodial; Rhizom 2–5 cm lang; Pseudobulben eiförmig; meist 1–2 endständige Blätter, aber auch ganz beblättert, Blatt fleischig, 10–25 cm hoch.

Blüte: Blütenstand endständig, 15–30 cm lang, dicht mit 1–3 cm großen Blüten besetzt, in Weiß, Grünlich oder Orange.

Besonderheiten: Für Topfkultur geeignet, auch Blockkultur möglich. Meist sehr wüchsig.

temp. – warm		*kühl. – warm*
HS – Sonne		*HS*
mäßig		*mäßig – feucht*
Nein		*Ja*
AB		*E*

Liparis Gruppe: terrestrisch
L. C. RICHARD 1817

Arten: Über 100 Arten.

Beispiele: *Liparis atrosanguinea, Liparis loeselii, Liparis liliifolia, Liparis purpureovirides.*

Verbreitung: Europa, Asien, Amerika und Afrika. Terrestrisch in Höhenlagen von 300–4000 m, in feuchtem bis nassem Grasland.

Wuchsform: Sympodial; Pseudobulben unter- oder oberirdisch; von ein bis mehreren krautigen Blättern umhüllt, 10–50 cm hoch.

Blüte: Blütenstand terminal, 20–80 cm lang, locker bis dicht mit 1–3 cm großen Blüten besetzt.

Besonderheiten: Aufgrund unterschiedlicher Heimatgebiete keine einheitliche Kultur möglich. Einige Arten sind winterhart, andere mögen es das ganze Jahr warm.

Lockhartia spec.

Lophiaris lanceana

Lockhartia

HOOKER 1827

Arten: Etwa 30 Arten.

Beispiele: *Lockhartia acuta, Lockhartia bennettii, Lockhartia lunifera, Lockhartia oerstedii, Lockhartia serra.*

Verbreitung: Von Mexiko südwärts bis Brasilien, auch Trinidad. Epiphyten tropischer Regenwälder im Halbschatten, in Höhenlagen bis 1000 m.

Wuchsform: Sympodial; büschelig; Stämme dicht überlappend beblättert, bis 35 cm lang, 2–3 cm breit.

Blüte: Blütenstände aus den Achseln der oberen Blätter entspringend; wenig bis vielblütig, Blüte 2–3 cm groß, gelb, selten weißgrundig.

Besonderheiten: Blockkultur empfohlen. Temperiert bis warm kultivieren, dabei gleichmäßig feucht halten, nach der Blüte etwas trockener. Nur schwach düngen.

Lockhartia		Lophiaris
temp. – warm		temp. – warm
HS		Sonne
feucht		gering
Nein		Ja
AB		AB

Lophiaris

RAFINESQUE 1838

Arten: Etwa 25 Arten.

Beispiele: *Lophiaris aurisasinora, Lophiaris bicallosa, Lophiaris cavendishiana, Lophiaris lanceana.*

Verbreitung: Mittelamerika, aber auch südlich bis Brasilien. In Höhenlagen von 500–1500 m, aber auch höher, meist an Stellen mit hoher Taubildung.

Wuchsform: Sympodial; Rhizom kurz; Pseudobulben zurückgebildet; Blätter endständig, hart, ledrig, manchmal purpurn getupft.

Blüte: Blütenstände seitlich entspringend, hängend oder aufrecht; wenige bis viele Blüten, 2–6 cm groß.

Besonderheiten: Topfkultur empfohlen. Empfindlich bei Staunässe, z. T. sehr hell und trocken kultivieren. Temperaturansprüche von Art zu Art verschieden.

Ludisia discolor

Lycaste crinita

Ludisia

A. RICHARD 1825

Arten: Monotypisch, nur 1 Art.
Beispiele: *Ludisia discolor.*
Verbreitung: Indien, Myanmar, Südchina, Malaysia, Indonesien. Terrestrisch auf Feldern nahe Flüssen und in Wäldern wachsend, bis zu 1800 m Höhe.
Wuchsform: Sympodial; Rhizom bis 10 cm lang; Stamm fleischig, bis 20 cm hoch; dicht mit dekorativen Blättern (purpurrot mit goldener Aderung) versehen.
Blüte: Blütenstand gipfelständig, aufrecht, bis 40 cm hoch; viele weiße Blüten, 2–3 cm groß.
Besonderheiten: Variables Erscheinungsbild. Bei älteren Pflanzen Kultur in Schalen vorteilhaft. Diese Art verträgt Substrat für terrestrische, aber auch für epiphytische Orchideen. Blätter nicht besprühen.

temp.		kühl – temp.
HS		Sch – HS
feucht		feucht
Nein		Ja
DE		A

Lycaste

LINDLEY 1842

Arten: Etwa 20 Arten.
Beispiele: *Lycaste aromatica, Lycaste lasioglossa, Lycaste macrophylla, Lycaste skinneri.*
Verbreitung: Mexiko bis Peru, Bolivien und Westindische Inseln. Epi- und lithophytisch oder terrestrisch meist mit Wurzeln im Moos wachsend, in 500–2800 m Höhe.
Wuchsform: Sympodial; Pseudobulben fleischig, 3–9 cm hoch; Blätter krautig, 20–50 cm lang, zu Beginn der Ruhephase absterbend.
Blüte: Blütenstände grundständig, aufrecht, einblütig, 8–25 cm hoch, meist zu mehreren; Blüten auffällig, 6–12 cm groß.
Besonderheiten: Deutliche Ruhephase: Erst nach Wurzelbildung wieder gießen, aber nie ganz austrocknen lassen.

Macodes spec.

Macroclinium manabinum

Macodes

LINDLEY 1840

Arten: Monotypisch bis evtl. 8 Arten.

Beispiele: *Macodes javanica, Macodes petola, Macodes sanderiana, Macodes yunnanensis.*

Verbreitung: Südostasien, Indonesien, Philippinen und Papua-Neuguinea. Terrestrisch in Laubhumusnestern wachsend, schattig in feucht-warmen Gebieten, in 350–800 m Höhe.

Wuchsform: Sympodial; kurze, aufrechte, mehrblättrige Stämme; Blätter zart fleischig, grünlich mit goldener Aderung.

Blüte: Blütenstände endständig, aufrecht, 15–30 cm lang, dicht besetzt; viele Blüten, 1–3 cm groß.

Besonderheiten: Kultur in Schalen vorteilhaft, dabei Substratmischung für terrestrische Orchideen verwenden. Blätter nicht besprühen.

Macodes	Macroclinium
temp. – warm	*temp.*
Sch	*HS*
feucht	*mäßig*
Nein	*Nein*
E	*B*

Macroclinium

BARBOSA RODRIGUES 1882

Arten: Etwa 30 Arten.

Beispiele: *Macroclinium allenirum, Macroclinium bicolor, Macroclinium lineare, Macroclinium manabinum.*

Verbreitung: Mittelamerika, Jamaika. Epiphyten meist kleiner, bemooster Zweige, in 300–1900 m Höhe, bevorzugt luftfeuchte Gegenden.

Wuchsform: Sympodial; büschelig; Stamm nicht erkennbar; Blätter flach, fächerförmig angeordnet, 4–6 cm lang, ledrig bis fleischig.

Blüte: Blütenstände aus den Blattachseln entspringend, hängend oder aufrecht, 3–12 cm lang; Blüten locker traubig, zahlreich, 0,4–1 cm groß.

Besonderheiten: Blockkultur empfohlen. Die Gattung *Macroclinium* scheint in Kultur nur selten zu überleben.

Malaxis latifolia

Malleola baliensis

Malaxis

Swartz 1788

Arten: Über 300 Arten.

Beispiele: *Malaxis calophylla, Malaxis latifolia, Malaxis lowii, Malaxis metallica.*

Verbreitung: Weltweit in luftfeuchten Gebieten, Hauptvorkommen in Südostasien und auf den umliegenden Inseln. Epiphytisch und terrestrisch in fast allen Höhenlagen wachsend.

Wuchsform: Sympodial; Wurzeln verdickt; Stämme fleischig, 1–9 cm hoch; ein bis mehrere Blätter, Blätter gestielt, 7–15 cm lang, krautig.

Blüte: Blütenstand gipfelbürtig, 10–35 cm lang; dicht mit 0,5–1,2 cm großen Blüten besetzt.

Besonderheiten: Topfkultur! Laubabwerfende Arten nach Blattfall trocken, andere ganzjährig feucht halten. Teilweise dekoratives Laub.

Malaxis		Malleola
kühl – warm		*temp. – warm*
HS – Sonne		*HS – Sonne*
mäßig – feucht		*mäßig*
Ja		*Nein*
AE		*AB*

Malleola

J. J. Smith & Schlechter 1913

Arten: Etwa 30 Arten.

Beispiele: *Malleola baliensis, Malleola dentifera, Malleola insectifera, Malleola ligulata.*

Verbreitung: Südostasien, Sri Lanka, Indonesien und Papua-Neuguinea. Im lichten, tropischen Regenwald auf dünnen Zweigen, in Meereshöhe bis 300 m, wenige Arten auch höher.

Wuchsform: Monopodial; Wurzeln fleischig; Stamm gedrungen, 3–15 cm hoch; Blätter ledrig, fleischig, 4–10 cm lang, 1–3 cm breit.

Blüte: Blütenstände seitlich entspringend, hängend, gelegentlich verzweigend, 5–25 cm lang; Blüten zahlreich, 2–5 mm klein, meist gelbe bis orange Farbe.

Besonderheiten: Block- und Topfkultur möglich.

Masdevallia reichenbachiana

Masdevallia veitchiana

Masdevallia
Gruppe: kühl
Ruiz & Pavon 1794

Arten: Über 300 Arten.

Beispiele: *Masdevallia amabilis, Masdevallia amaluzae, Masdevallia barlaeana, Masdevallia uniflora.*

Verbreitung: Mexiko bis nördliches Brasilien, besonders häufig von den Anden Perus bis Venezuela. Meist epiphytisch im Nebelwald, selten lithophytisch wachsend, in 1500–5000 m Höhe.

Wuchsform: Sympodial; Rhizom und Stamm sehr kurz, aufrecht; einblättrig, Blatt fleischig, meist 4–12 cm hoch.

Blüte: Blütenstände basal entspringend, hängend oder aufrecht; ein- bis vielblütig, Blüten 1–4 cm groß.

Besonderheiten: Topf- und Blockkultur möglich. Für hohe Luftfeuchte und Frischluft sorgen. Wenig düngen.

kühl		*temp.*
HS		*HS*
feucht		*feucht*
Nein		*Nein*
AB		*AB*

Masdevallia
Gruppe: warm
Ruiz & Pavon 1794

Arten: Über 100 Arten.

Beispiele: *Masdevallia floribunda, Masdevallia echo, Masdevallia nidifica, Masdevallia polysticta.*

Verbreitung: Mexiko bis nördliches Brasilien, von den Anden Perus bis Venezuela. Meist epiphytisch, selten lithophytisch im Nebelwald, in Höhenlagen von 800–2000 m.

Wuchsform: Sympodial; Rhizom und Stamm sehr kurz, aufrecht; einblättrig, Blatt fleischig, 6–20 cm hoch.

Blüte: Blütenstände basal entspringend, hängend oder aufrecht; eine bis viele Blüten, 3–12 cm groß.

Besonderheiten: Temperiert bis warm zu haltende Masdevallien sind unempfindlicher bei niedriger Luftfeuchte.

Mastigion fascinator

Maxillaria grandiflora

Mastigion

GARAY, HAMER & SIEGERIST 1994

Arten: Etwa 5 Arten.

Beispiele: *Mastigion appendiculatum, Mastigion fascinator, Mastigion ornatissimum, Mastigion putidum.*

Verbreitung: Indien, Malaiische Halbinsel, Thailand, Borneo, Sumatra, Philippinen. Epiphytisch wachsend in selten über 1200 m Höhe.

Wuchsform: Kurze bis lange Rhizome, häufig kletternd; kräftige Bulben, 3–4 cm im Durchmesser; ein endständiges Blatt, 15–20 cm lang.

Blüte: Blütenstand aufrecht bis überhängend, bis 25 cm lang; Einzelblüten, Petalen dominant, häufig fadenförmige Auswüchse an den Sepalen, 15–20 cm lang.

Besonderheiten: Kultur in flachen Schalen empfohlen. Eng verwandt mit *Cirrhopetalum*, jedoch Einzelblüte.

temp.		*temp. – warm*
HS – Sonne		*Sch – HS*
mäßig		*mäßig*
Nein		*Nein*
ABD		*AB*

Maxillaria

Gruppe: dunkel

RUIZ & PAVON 1794

Arten: Etwa 150 Arten.

Beispiele: *Maxillaria eburnea, Maxillaria grandiflora, Maxillaria sanderiana, Maxillaria reichenheimiana.*

Verbreitung: Weit verbreitet in den Tropen und Subtropen Mittel- und Südamerikas. Häufig epi-, aber auch lithophytisch.

Wuchsform: Rhizom kurz, selten lang; Pseudobulben deutlich, gelegentlich versteckt, 3–7 cm hoch; 1–2 endständige, weichlaubige Blätter, 10–50 cm lang.

Blüte: Meist mehrere basale Blütenstände, kurz, 6–20 cm lang; Einzelblüten, selten mehrblütig, 5–12 cm groß.

Besonderheiten: Einige dieser Arten wachsen als Humusepiphyt und benötigen deutlich mehr Wasser.

Maxillaria luteoalba

Mediocalcar decoratum

Maxillaria

Gruppe: hell

RUIZ & PAVON 1794

Arten: Etwa 200 Arten.

Beispiele: *Maxillaria luteoalba, Maxillaria tenuifolia, Maxillaria sophronitis, Maxillaria schunkeana.*

Verbreitung: Weit verbreitet in den Tropen und Subtropen Mittel- und Südamerikas. Häufig epi-, aber auch lithophytisch, in 100–2800 m Höhe.

Wuchsform: Kletternd oder kriechend; Rhizom 2–15 cm lang; Pseudobulben deutlich, selten versteckt, 3–7 cm hoch; 1–2 ledrige Blätter, 3–12 cm lang.

Blüte: Blütenstand meist basal, 3–8 cm lang; 1–5 Blüten, 2–7 cm groß.

Besonderheiten: Block- oder Topfkultur. Arten mit langen Rhizomen aufgebunden kultivieren. Gruppe benötigt viel Licht zur Blüteninduktion.

Maxillaria		Mediocalcar
temp. – warm		temp. – warm
Sonne		HS
mäßig		feucht
Nein		Nein
AB		ABD

Mediocalcar

J. J. SMITH 1900

Arten: Über 20 Arten.

Beispiele: *Mediocalcar bifolium, Mediocalcar decoratum, Mediocalcar umboiense, Mediocalcar versteegii.*

Verbreitung: Papua-Neuguinea und benachbarte Inseln. Epiphytisch an feuchten Orten im Tropen- oder Nebelwald, in 400–3800 m Höhe.

Wuchsform: Sympodial; kriechend, verzweigend; sehr fleischige Rhizome; mit etwa 1 mm kleine Pseudobulben; 1–3 endständige Blätter, Blatt fleischig, 1–2 cm groß.

Blüte: Blütenstände gipfelbürtig; eine Blüte, selten zwei, meist aus mehreren Trieben blühend, Blüten 0,2–0,4 cm groß, glockenförmig.

Besonderheiten: Warm und feucht halten, wenig düngen. Kultur in flachen Schalen vorteilhaft.

Meiracyllium trinasutum

Mexicoa ghiesbreghtiana

Meiracyllium

REICHENBACH f. 1854

Arten: Nur 2 Arten.

Beispiele: *Meiracyllium trinasutum, Meiracyllium wendlandii.*

Verbreitung: El Salvador, Guatemala bis Mexiko. Epiphytisch auf bemoosten Bäumen in Canyons, in 700 bis 1500 m Höhe, selten auch lithophytisch wachsend.

Wuchsform: Sympodial; Wurzeln fleischig, kriechend; kräftige Rhizome, 2–3 cm lang; pseudobulbenlos; ungestielte, fleischige Blätter, 4–7 cm groß, meist rotbraun.

Blüte: Blütenstände aus der Blattscheide, 3–4 cm lang; Blüten pink, 2–4 cm groß.

Besonderheiten: Hell und trocken halten. Blockkultur empfohlen. Wichtig ist regelmäßiges Übersprühen und schnelles Abtrocknen.

Mexicoa

GARAY 1974

Arten: Monotypisch, nur 1 Art.

Beispiele: *Mexicoa ghiesbreghtiana.*

Verbreitung: Mexiko, in den Provinzen Guerrero und Oaxaca. Epiphytisch, halbschattig in Eichenwäldern, selten exponiert und lithophytisch, in 1400–2300 m Höhe.

Wuchsform: Sympodial; Wurzeln fein, kriechend; kurze Rhizome, büschelig; Pseudobulben aufrecht, 3–4 cm hoch; beblättert, 1–2 endständige Blätter, 5–12 cm lang.

Blüte: Blütenstände basal entspringend, 10–18 cm lang, aufrecht bis überhängend, locker besetzt; 6–12 Blüten, 2–3 cm groß.

Besonderheiten: Pflanze muss nach dem Gießen oder Sprühen schnell abtrocknen. Für Blütenbildung nachts kühler stellen. Im Winter viel Licht.

Meiracyllium	Mexicoa
temp. - warm	warm
HS - Sonne	HS
gering	mäßig
Nein	Nein
B	AB

Mexipedium xerophyticum

Miltonia warszewisczii

Mexipedium

ALBERT & CHASE 1992

Arten: Monotypisch, nur 1 Art.
Beispiele: *Mexipedium xerophyticum.*
Verbreitung: Im südlichen Mexiko. Lithophytisch auf Kalkfelsen, in trockenen Gebieten, in der Nähe von Regenwäldern. Einem feuchten Frühjahr folgen heftige Sommerregenfälle mit anschließender sechsmonatiger Trockenheit.
Wuchsform: Sympodial; kriechend, bis 5 cm lange Rhizome; pseudobulbenlos; Stamm dicht beblättert, Blätter 5–12 cm lang, ledrig.
Blüte: Blütenstände terminal entspringend, 5–12 cm lang, aufrecht; eine, selten zwei Blüten, 1–3 cm groß.
Besonderheiten: Art sollte in flachen Schalen gehalten werden. Während der Trockenzeit nur sehr vorsichtig wässern.

temp. – warm		warm
HS – Sonne		HS
mäßig		mäßig
Ja		Ja
D		AB

Miltonia

LINDLEY 1837

Arten: Etwa 12 Arten und 4 Naturhybriden.
Beispiele: *Miltonia candida, Miltonia clowesii, Miltonia flavescens, Miltonia spectabilis.*
Verbreitung: Südbrasilien, auch Argentinien, Paraguay und Peru. Epiphytisch hoch auf Bäumen im luftfeuchten Regenwald, in 400–1000 m Höhe.
Wuchsform: Sympodial; Rhizom bis 6 cm lang, kletternd; Pseudobulben flach, 5–8 cm hoch; beblättert, 1–2 Blätter endständig, schmal, krautig bis ledrig, bis 30 cm lang.
Blüte: Blütenstände seitlich entspringend, 15–45 cm lang, aufrecht; 4–8 Blüten, 4–7 cm groß.
Besonderheiten: Topf- und Blockkultur möglich. Benötigt sehr viel Licht zur Blüteninduktion. Unterschiedliche Temperaturansprüche.

Miltoniopsis vexillaria

Miltoniopsis

GODEFROY-LEBEUF 1889

Arten: Etwa 8 Arten.

Beispiele: *Miltoniopsis phalaenopsis, Miltoniopsis roezlii, Miltoniopsis santanae, Miltoniopsis vexillaria.*

Verbreitung: Brasilien, Costa Rica, Panama, Kolumbien, Venezuela und Peru. Epiphytisch im Regenwald, in 600–1800 m Höhe.

Wuchsform: Sympodial; Wurzeln fein; Rhizom kurz, büschelig; Pseudobulben flach, 3–6 cm hoch; beblättert, ein endständiges Blatt, schmal, krautig, 15–25 cm lang.

Blüte: Blütenstände seitlich entspringend, 15–45 cm lang, aufrecht, überhängend; 2–12 Blüten, 4–6 cm groß.

Besonderheiten: Gattung liebt höhere Luftfeuchtigkeit, Ziehharmonikablätter bei trockener Luft.

Miltoniopsis		Mormodes
temp.		temp.
Sch – HS		HS
mäßig		mäßig
Ja		Ja
A		AB

Mormodes vernixioides

Mormodes

LINDLEY 1836

Arten: Etwa 70 Arten.

Beispiele: *Mormodes badia, Mormodes buccinator, Mormodes colossa, Mormordes rolfeana.*

Verbreitung: Weit verbreitet in Mittel- und Südamerika. Epiphyten im Regenwald, in 400–1500 m Höhe.

Wuchsform: Sympodial; Wurzeln fleischig; Pseudobulben stark, büschelig, 3–15 cm hoch; endständig krautig beblättert, 15–35 cm lang.

Blüte: Blütenstände seitlich der Pseudobulben entspringend, 15–25 cm lang, aufrecht bis überhängend; 5–25 Blüten, 20–60 mm groß, bizarr, Duft! Manchmal treten männliche und weibliche Blüten an einer Pflanze auf.

Besonderheiten: Teilstücke aus 2 Bulben reichen aus. Nach der Blüte sehr trocken halten.

Mormolyca ringens

Myrmecophila exaltata

Mormolyca

Fenzl 1850

Arten: Etwa 6 Arten.

Beispiele: *Mormolyca gracilipes, Mormolyca peruviana, Mormolyca ringens, Mormolyca schweinfurthiana.*

Verbreitung: Weit verbreitet in Mittel- und Südamerika, hauptsächlich Peru, Kolumbien, Ecuador. Epiphytisch im feuchten Regenwald, in 700–1850 m Höhe.

Wuchsform: Sympodial; Wurzeln fein; Rhizom kurz, büschelig; Pseudobulben schlank, 5–12 cm hoch; einblättrig, 10–15 cm lang, ledrig.

Blüte: Blütenstände endständig der Pseudobulbe entspringend, Infloreszenz 15–25 cm lang, aufrecht bis überhängend; Einzelblüte, 20–30 mm groß.

Besonderheiten: Blockkultur, auch Topfkultur möglich. Gattung reagiert auf kühle Phasen empfindlich.

Mormolyca		Myrmecophila
temp.		temp. – warm
HS		Sonne
mäßig		mäßig
Nein		Ja
AB		A

Myrmecophila

Rolfe 1917

Arten: Etwa 8–10 Arten.

Beispiele: *Myrmecophila albopurpurea, Myrmecophila exaltata, Myrmecophila tibicinis, Myrmecophila wendlandii.*

Verbreitung: An der Westküste Mittelamerikas, den Kaiman Inseln, hauptsächlich Mexiko und Guatemala. Epiphytisch in Höhenlagen bis 800 m.

Wuchsform: Sympodial; Wurzeln fleischig; Pseudobulben kräftig, aufplatzend, büschelig, 20–40 cm hoch; Blätter endständig 2–4 blättrig, 20–30 cm lang, ledrig.

Blüte: Blütenstände endständig der Pseudobulbe entspringend, Infloreszenz bis 120 cm lang, aufrecht bis überhängend; bis zu 80 Blüten, 4–8 cm groß.

Besonderheiten: Topfkultur. Bulben platzen auf, um Ameisen zu beherbergen.

Mystacidium capense

Nageliella purpurea

Mystacidium

Lindley 1836

Arten: Etwa 15 Arten.

Beispiele: *Mystacidium braybonae, Mystacidium capense, Mystacidium gracile, Mystacidium venosum.*

Verbreitung: In Süd- und Ostafrika sowie auf Madagaskar. Epiphytisch auf dünnen Asten, in Dornbüschen; sowohl in der Savanne als auch im immergrünen Wald wachsend, in 0–500 m Höhe, selten höher.

Wuchsform: Monopodial; kurze, z. T. dicht beblätterte, aber auch blattlose Stämme, 1–2 cm hoch; Blattspanne von 2 bis über 10 cm.

Blüte: Infloreszenz 3–12 cm lang, dicht oder locker besetzt; Blütengröße 0,5 bis 1,4 cm, Sporn 1–2 cm lang.

Besonderheiten: Blockkultur empfohlen. Nachts starker Duft.

Mystacidium		Nageliella
temp. – warm		temp. – warm
HS – Sonne		HS – Sonne
mäßig		mäßig
Nein		Nein
AB		B

Nageliella

L. O. Williams 1940

Arten: 2 Arten.

Beispiele: *Nageliella angustifolia, Nageliella purpurea.*

Verbreitung: Guatemala, Mexiko, Honduras und El Salvador. Epiphytisch häufig auf bemoosten Zweigen, selten auch terrestrisch wachsend, in 0–1500 m Höhe.

Wuchsform: Sympodial; Wurzeln fleischig; Pseudobulben sehr kurz, büschelig; ein endständiges Blatt, schlank, 6–8 cm lang, ledrig.

Blüte: Blütenstände endständig der Pseudobulbe entspringend, bis zu 30 cm lang, aufrecht bis überhängend; Blüten 3–6 mm groß, blühen über lange Zeit nacheinander auf.

Besonderheiten: Blockkultur empfohlen. Die alten Blütenstände können immer wieder austreiben, nicht zu früh abschneiden.

Nanodes spec.

Neobenthamia gracilis

Nanodes
Lindley 1832

Arten: Etwa 10 Arten

Beispiele: *Nanodes difforme, Nanodes medusae, Nanodes porpax, Nanodes schlechterianum.*

Verbreitung: Mittelamerika. Epiphytisch meist auf bemoosten Stämmen im feuchten Regenwald, in 1500–3000 m Höhe.

Wuchsform: Sympodial; Wurzeln fein; Pseudobulben stammartig, büschelig, kriechend bis hängend, dicht beblättert, 6–12 cm lang; Blätter 3–4 cm lang, ledrig.

Blüte: Blütenstände endständig aus dem Stamm entspringend, sehr kurz, hängend; Blüten 2–6 cm groß, blühen über lange Zeit nacheinander auf.

Besonderheiten: Topfkultur in flachen Schalen oder Blockkultur. Alle Arten temperiert kultivieren bis auf *Nanodes medusae* (kühl).

Nanodes	Neobenthamia
kühl – temp.	warm – temp.
HS – Sonne	HS
mäßig	mäßig
Nein	Nein
ABD	B

Neobenthamia
Rolfe 1891

Arten: Monotypisch, 1 Art.

Beispiele: *Neobenthamia gracilis.*

Verbreitung: Tansania. Epi- oder lithophytisch an oder auf grasbewachsenen felsigen Hängen in Regionen mit starker Taubildung, in 1500–3000 m Höhe.

Wuchsform: Sympodial; Wurzeln fleischig; Rhizome kurz, Stämme bis über 1 m hoch, dicht krautig; beblättert, Blätter schmal, Blattspanne von 8–14 cm.

Blüte: Blütenstand bis 10 cm lang, aufrecht bis überhängend, bis 20 cm lang; Blütenbüschel von 20–40 Blüten, weiß, Einzelblüte 2–3 cm groß.

Besonderheiten: Topfkultur. Aus den abgeblühten Blütenständen bilden sich leicht Kindel. Blüteninduktion erfolgt durch viel Licht.

Neocogniauxia hexaptera

Neofinetia falcata

Neocogniauxia

SCHLECHTER 1913

Arten: Nur 2 Arten bekannt.

Beispiele: *Neocogniauxia monophylla, Neocogniauxia hexaptera.*

Verbreitung: Jamaika, Dominikanische Republik, Haiti. Epiphytisch auf kleinen Zweigen in schattigen Büschen in 1000–1500 m Höhe, in Regionen mit starker Taubildung.

Wuchsform: Sympodial; Wurzeln fein; Rhizom kriechend, kurz, büschelig, Stämme sehr dünn, 8–12 cm lang; 1–2 endständige Blätter, schmal, 6–8 cm lang.

Blüte: Blütenstand terminal entspringend, bis 10 cm lang, aufrecht; einblütig, rot, Blüte 3–4 cm groß.

Besonderheiten: Blockkultur empfohlen. Arten benötigen gleichmäßige Luftfeuchte. Nie ganz austrocknen lassen. Kultur schwierig.

Neocogniauxia		Neofinetia
temp. – warm		temp. – warm
HS		HS – Sonne
feucht		mäßig
Nein		Nein
B		AB

Neofinetia

H. H. HU 1925

Arten: Monotypisch bis 3 Arten.

Beispiele: *Neofinetia falcata, Neofinetia richardiana.*

Verbreitung: China, Korea, Japan, Riukiu-Inseln. In Höhenlagen von Meereshöhe bis 1500 m. Epiphytisch auf Laubbäumen an hellen Plätzen.

Wuchsform: Monopodial; Wurzeln fleischig; Verzweigungen an der Basis bildend, Stämme sehr kurz; dicht beblättert, Blätter schmal, hart, 6–8 cm lang.

Blüte: Blütenstand bis 10 cm lang, aufrecht, dicht besetzt, 3–20 Blüten, 2–3 cm groß, weiß, selten rosa oder gelb, gespornt, Sporn 3–4 cm lang.

Besonderheiten: Topf- oder Blockkultur. Hell und warm halten. Es gibt zahlreiche Varietäten, die insbesondere in Japan gesammelt werden.

Neogardneria murrayana

Neolauchea pulchella

Neogardneria
SCHLECHTER 1921

Arten: Monotypisch, nur eine Art.
Beispiele: *Neogardneria murrayana.*
Verbreitung: Ostbrasilien. Epiphytisch in Berg-Nebelwäldern, in 1000–1500 m Höhe.
Wuchsform: Sympodial; Wurzeln fleischig; Rhizom kriechend, kurz; Pseudobulben eiförmig, büschelig, 3–4 cm hoch; dicht beblättert, Blätter schmal, 12–20 cm lang.
Blüte: Blütenstand 9–25 cm lang, aufrecht, überhängend, basal entspringend; 2–5 Blüten, Blüte 4–5 cm groß, grünlich.
Besonderheiten: Topfkultur bevorzugt. Gleichmäßige Luftfeuchte, aber weniger gießen nach Triebabschluss, Blätter nicht besprühen.

temp.		temp. – warm
HS		HS
feucht		mäßig
Ja		Nein
A		B

Neolauchea
KRAENZLIN 1897

Arten: Monotypisch, nur eine Art.
Beispiele: *Neolauchea pulchella.*
Verbreitung: Südbrasilien. Häufig in feuchten, halbschattigen Gebieten, in Höhenlagen von 500–1500 m.
Wuchsform: Sympodial; Wurzeln fein, zahlreich; Rhizom kletternd, 2–4 cm lang; Pseudobulben eiförmig, 5–10 mm hoch; zweiblättrig, Blätter halbledrig, rund, schmal, 4–8 cm lang.
Blüte: Blütenstand 5 cm lang, aufrecht, terminal entspringend; Einzelblüte, 0,8–1,2 cm groß. Meist aus zahlreichen Trieben blühend.
Besonderheiten: Blockkultur bevorzugt: Art mag es ganzjährig feucht und halbschattig. Neutriebe müssen häufig wieder zurückgebunden werden.

Neomoorea irrorata

Notylia spec.

Neomoorea

ROLFE 1904

Arten: Monotypisch, nur eine Art.
Beispiele: *Neomoorea irrorata.*
Verbreitung: Kolumbien und Panama. Epiphytisch, meist aber terrestrisch wachsend in Nebelwäldern in 100 m Höhe.
Wuchsform: Sympodial; Wurzeln dornig, geflechtbildend; Rhizom kriechend, kurz; Pseudobulben büschelig, 4–11 cm hoch; zweiblättrig, Blätter halbledrig, 10–15 cm breit, 40–70 cm lang.
Blüte: Blütenstand 20–50 cm lang, aufrecht, selten bogig überhängend, basal entspringend; 4–15 Blüten, 6–8 cm groß, glockenförmig.
Besonderheiten: Topfkultur in großen Pflanzgefäßen. Art liebt ganzjährig feuchte, schattige Atmosphäre, aber Blätter nicht besprühen.

Notylia

LINDLEY 1825

Arten: Über 50 Arten.
Beispiele: *Notylia aromatica, Notylia barkeri, Notylia microchila, Notylia pubescens.*
Verbreitung: Tropisches Mittel- und Südamerika. Epiphytisch in dichten feuchten Wäldern, sehr häufig in Kaffeeplantagen, in 200–1200 m Höhe.
Wuchsform: Sympodial; Wurzeln fein, büschelig; einblättrig oder mehrblättrig ohne Pseudobulben; Blätter 4–20 cm lang, ledrig.
Blüte: Blütenstand basal oder blattachselbürtig, 5–35 cm lang, hängend, traubig, dicht besetzt; Blüten 6–14 mm groß, häufig weiß bis grünlich.
Besonderheiten: Kultur in ganz kleinen Töpfen möglich, Blockkultur bevorzugt. Pflanzen lieben ganzjährig feuchte, halbschattige Atmosphäre.

temp.		*temp. – warm*
Sch – HS		*HS*
feucht		*mäßig*
Ja		*Nein*
A		*AB*

Oberonia spec.

Octomeria grandiflora

Oberonia

Lindley 1830

Arten: Weit über 100 Arten.

Beispiele: *Oberonia disticha, Oberonia forcipifera, Oberonia iridifolia, Oberonia japonica, Oberonia pachyglossa.*

Verbreitung: Tropisches Asien, Australien und Afrika und die umliegenden Inseln. Epihphytisch auf bemoosten Zweigen und Ästen, in 50–1500 m Höhe.

Wuchsform: Sympodial; Wurzeln fein, büschelig; Stämme kurz bis verlängert, aufrecht und hängend, 3–15 cm lang; Blätter fächerförmig um den Stamm entlang angeordnet.

Blüte: Blütenstand endständig, 10–35 cm lang, hängend, traubig; zahlreiche Blüten, 0,1–0,4 cm groß.

Besonderheiten: Blockkultur bevorzugt. Arten lieben ganzjährig feuchte, halbschattige Kulturbedingungen.

Oberonia		Octomeria
temp. – warm		temp. – warm
HS		HS
mäßig		feucht
Nein		Nein
B		AB

Octomeria

R. Brown 1813

Arten: Über 100 Arten.

Beispiele: *Octomeria concolor, Octomeria diaphana, Octomeria grandiflora, Octomeria juncifolia.*

Verbreitung: Weit verbreitet in Mittel- und Südamerika, Westindische Inseln. Epiphytisch an Bäumen in 200–1500 m Höhe.

Wuchsform: Sympodial; Wurzeln fein; Rhizom kurz, kriechend, büschelig; Stämme aufrecht, stielrund, 6–12 cm lang; einblättrig, Blatt 4–12 cm lang.

Blüte: Blütenstand blattachselbürtig, 0,3–1 cm lang; ein bis vielblütig, büschelig angeordnet, Blüten 1–4 cm groß.

Besonderheiten: Topfkultur in kleinen Töpfen möglich, Blockkultur bevorzugt. Arten lieben ganzjährig feuchte, halbschattige bis helle Kulturbedingungen.

Odontoglossum triumphans

Odontoglossum cirrhosum

Odontoglossum

KUNTH 1815

Arten: Über 65 Arten.

Beispiele: Unterteilt in sechs Gruppen, die fünf wichtigsten folgen auf den nächsten Seiten.

Verbreitung: Diese Gattung ist auf die Anden beschränkt: Venezuela, Kolumbien, Ecuador und Peru. Im Nebelwald von 1400 bis 3500 m Höhe.

Wuchsform: Sympodial; Pseudobulben oval, flach, beblättert, 4–10 cm hoch; 2 endständige Blätter, Blatt krautig, schmal, 20–50 cm lang.

Blüte: Blütenstände bogig, traubig besetzt; viele Blüten, 30–70 cm groß, gleichzeitig blühend.

Besonderheiten: Die kurzrispigen Arten (4 Gruppen) müssen wärmer kultiviert werden als die langrispigen Arten (2 Gruppen).

kühl – temp.		*kühl – temp.*
HS		*HS*
mäßig – feucht		*mäßig – feucht*
Ja		*Ja*
AB		*A*

Odontoglossum

Gruppe: *Erectolobata*

KUNTH 1815

Arten: Etwa 18 Arten.

Beispiele: *Odontoglossum blandum, Odontoglossum cirrhosum, Odontoglossum crocidipterum, Odontoglossum gloriosum.*

Verbreitung: Westliches Venezuela, südwärts bis Peru. Epiphytisch in 1600–3000 m Höhe.

Wuchsform: Sympodial; Pseudobulben oval, flach, beblättert, 4–7 cm hoch; 2 endständige Blätter, Blatt krautig, schmal, 20–30 cm lang.

Blüte: Blütenstände vielblütig, gleichzeitig blühend, bogig, traubig, besetzt, 15–40 cm lang. Blüte meist sternförmig, weißgelb mit braunen Tupfen.

Besonderheiten: Empfohlene Temperaturen: etwa 22 °C am Tag und etwa 12 °C in der Nacht. Für hohe Luftfeuchtigkeit sorgen.

Odontoglossum lindleyanum

Odontoglossum wyattianum

Odontoglossum

Gruppe: *Lindleyana*

KUNTH 1815

Arten: Etwa 4 Arten.

Beispiele: *Odontoglossum auriculatum, Odontoglossum lindleyanum, Odontoglossum mirandum, Odontoglossum reversum.*

Verbreitung: Kolumbien, Venezuela, Ecuador bis Peru. Epiphytisch, auch terrestrisch in 1600–2400 m Höhe.

Wuchsform: Sympodial; Pseudobulben oval, flach, beblättert, 4–7 cm hoch; 2 endständige Blätter, Blatt krautig, schmal, 20–30 cm lang.

Blüte: Blütenstände mehrblütig, gleichzeitig blühend, bogig, traubig, besetzt, 15–30 cm lang. Blüte sternförmig, 3–4 cm groß.

Besonderheiten: Empfohlene Temperaturen: etwa 25 °C am Tag, etwa 15 °C in der Nacht. Am natürlichen Standort ist es durch Regenzeit oder starke Taubildung meist immer feucht.

temp.		*temp.*
HS		*HS*
feucht		*mäßig*
Ja		*Ja*
AB		*A*

Odontoglossum

Gruppe: *Nevadensia*

KUNTH 1815

Arten: 3 Arten.

Beispiele: *Odontoglossum harryanum, Odontoglossum nevadense, Odontoglossum wyattianum.*

Verbreitung: Nördliches Kolumbien und Peru, südliches Ecuador bis Peru. Epiphytisch auf Solitärbäumen oder Waldrändern in 1600–2000 m Höhe.

Wuchsform: Sympodial; Pseudobulben oval, flach, beblättert, 6–8 cm hoch; 2 endständige Blätter, Blatt fleischig; schmal, 25–40 cm lang.

Blüte: Blütenstände mehrblütig, 25–45 cm lang. Blüte bräunlich, 6–8 cm groß.

Besonderheiten: Empfohlene Temperaturen: etwa 25 °C am Tag, etwa 15 °C in der Nacht. Am Naturstandort ist es fast immer feucht.

Odontoglossum sceptrum

Odontoglossum aff. *claviceps*

Odontoglossum
Gruppe: *Odontoglossum*
KUNTH 1815

Arten: Etwa 20 Arten.

Beispiele: *Odontoglossum crispum, Odontoglossum cruentum, Odontoglossum epidendroides, Odontoglossum hallii.*

Verbreitung: Westliches Venezuela, Kolumbien, Ecuador bis Peru. Epiphytisch, in Höhenlagen von 1600–3000 m in den Ost-, Zentral- und West-Anden.

Wuchsform: Sympodial; Pseudobulben oval, flach, beblättert, 4–10 cm hoch; 2 endständige Blätter, Blatt krautig, schmal, 20–50 cm lang.

Blüte: Blütenstände vielblütig, gleichzeitig blühend, bogig, traubig, besetzt, 30–70 cm lang.

Besonderheiten: Empfohlene Temperaturen: etwa 22 °C am Tag, etwa 12 °C in der Nacht. Am Naturstandort sehr hohe Luftfeuchtigkeit.

kühl – temp.		*kühl*
HS		*HS – Sonne*
feucht		*feucht*
Ja		*Ja*
A		*A*

Odontoglossum
Gruppe: *Serratolaminata*
KUNTH 1815

Arten: Etwa 7 Arten.

Beispiele: *Odontoglossum angustatum, Odontoglossum pardinum, Odontoglossum spathaceum.*

Verbreitung: Südliches Kolumbien bis Peru. Epiphytisch oder terrestrisch, in 2800–3500 m Höhe in exponierter Lage.

Wuchsform: Sympodial; Pseudobulben birnenförmig, dicht beblättert, 7–12 cm hoch; 2 endständige Blätter, Blatt krautig, schmal, 40–60 cm lang.

Blüte: Blütenstände mehrblütig, etwas verzweigend, dicht besetzt, 40–60 cm lang. Blüte gekräuselt, 4–7 cm groß.

Besonderheiten: Bis etwa 25 °C am Tag, etwa 10 °C in der Nacht. Für feuchte kühle Luft sorgen. Evtl. Zusatzlicht zur Blüteninduktion nötig.

Oeceoclades pulchra

Oeceoclades maculata

Oeceoclades
Gruppe: hell
LINDLEY 1832

Arten: Etwa 25 Arten.

Beispiele: *Oeceoclades angustifolia, Oeceoclades calcarata, Oeceoclades monophylla, Oeceoclades pulcra.*

Verbreitung: Madagaskar, Komoren, La Réunion. Terrestrisch oder lithophytisch auf bemoosten Steinen, häufig ungeschützt in der Sonne in Höhen von 200–2000 m.

Wuchsform: Sympodial; Wurzeln, zahlreich, kräftig; Rhizom kurz, Pseudobulben rund-eiförmig, 2–6 cm stark; mit 1–3 endständigen Blättern, Blätter selten gestielt, rund bis länglich, 5–25 cm lang.

Blüte: Blütenstand basal entspringend, 20–50 cm hoch, 6–20 Blüten, 1–3 cm groß.

Besonderheiten: Gattung hat hohen Lichtbedarf. Nach Wachstumsphase trocken halten.

Oeceoclades (hell)		Oeceoclades (schattig)
temp. – warm		temp. – warm
HS – Sonne		Sch
mäßig		feucht
Ja		Ja
AE		AE

Oeceoclades
Gruppe: schattig
LINDLEY 1832

Arten: Etwa 12 Arten.

Beispiele: *Oeceoclades decaryana, Oeceoclades maculata, Oeceoclades saundersiana.*

Verbreitung: Im tropischen Südamerika, Westindische Inseln, Florida und tropisches Afrika. Terrestrisch, meist an schattigen Stellen in der Nähe von Wasserläufen, in 200–1000 m Höhe.

Wuchsform: Sympodial; Wurzeln, wenig, fleischig; Rhizom kurz; Pseudobulben eiförmig, 2–4 cm stark; mit 1–3 endständigen Blättern, Blätter gestielt, 10–30 cm hoch.

Blüte: Blütenstand basal entspringend, 20–90 cm hoch, 6–20 Blüten, 1–4 cm groß.

Besonderheiten: Schattig und gleichmäßig feucht, aber nie nass kultivieren. Einige Arten sind buntblättrig.

Oeoniella polystachys

Oerstedella centradenia

Oeoniella

SCHLECHTER 1918

Arten: Etwa 2–3 Arten.

Beispiele: *Oeoniella aphrodite, Oeoniella polystachys.*

Verbreitung: Madagaskar, Maskarenen, Komoren und Seychellen. Epiphytisch im Regenwald, an schattigen Stellen mit hoher Luftfeuchte, bis 1200 m Höhe.

Wuchsform: Monopodial; Wurzeln fleischig; stammbildend, Pflanzenhöhe von 30 bis über 100 cm, verzweigend; Blätter zweizeilig, fleischig, Blattspanne von 10–20 cm.

Blüte: Blütenstand seitlich entspringend, bogig hängend, 10–30 cm lang; vielblütig, weiße Blüte, 1,5–2,5 cm groß, Spornlänge 1–1,5 cm.

Besonderheiten: Blockkultur auf langen Unterlagen ist möglich. Bei Topfkultur kleine Gefäße mit Kletterhilfe verwenden. Nachts Duft.

Oeoniella		Oerstedella
temp. – warm		temp. – warm
HS – Sonne		Sch
mäßig		feucht
Nein		Nein
AB		A

Oerstedella

REICHENBACH f. 1825

Arten: Etwa 40 Arten.

Beispiele: *Oerstedella centradenia, Oerstedella endresii, Oerstedella pseudoschumanniana, Oerstedella wallisii.*

Verbreitung: Von Mexiko bis Bolivien. Epi- oder lithophytisch auf Grashängen oder Steinen, halbschattig, in 400–2400 m Höhe.

Wuchsform: Sympodial; Wurzeln fleischig; Rhizom kurz; Stamm 10–100 cm lang; Blätter zweizeilig, krautig, Blattspanne von 8–20 cm.

Blüte: Blütenstand terminal entspringend, aufrecht bis bogig hängend, 5–20 cm lang; 3–10 Blüten, 1,5–5 cm groß.

Besonderheiten: Kleinbleibende Arten können aufgebunden werden, ansonsten Topfkultur in kleinen Gefäßen. Feucht halten, aber die Pflanzen müssen nach dem Gießen oder Sprühen schnell abtrocknen.

Oncidium pulvinatum

Oncdium barbatum

Oncidium

SWARTZ 1800

Arten: Über 600 Arten.

Beispiele: Unterteilt in über 17 Gruppen, einige Gruppen wurden in andere Gattungen oder in den Gattungsstatus überführt.

Verbreitung: Von Mexiko südwärts bis Brasilien. Epiphytisch in Höhen von 200–3200 m. Selten lithophytisch oder terrestrisch wachsend. In trockenen und in luftfeuchten Gebieten vorkommend.

Wuchsform: Sympodial; Rhizome meist deutlich; Pseudobulben 2–15 cm hoch; von schmalen, lanzettlichen, krautig-ledrigen Blättern umschlossen, sowie 1–2 endständige Blätter, 5–40 cm lang.

Blüte: Blütenstand basal entspringend, 10–150 cm lang, aufrecht oder gebogen; 3–200 Blüten.

Besonderheiten: Topf- oder Blockkultur möglich.

kühl – warm		temp.
HS – Sonne		HS – Sonne
gering – mäßig		mäßig
Ja		Ja
AB		AB

Oncidium

Gruppe: *Barbata*

SWARTZ 1800

Arten: Etwa 15 Arten.

Beispiele: *Oncdium barbatum, Oncidium croesus, Oncidium longipes, Oncidium uniflorum.*

Verbreitung: Von Bolivien südwärts bis Brasilien, auch in Paraguay, in gemäßigten Klimaten. Epiphytisch auf Bäumen entlang von Flussufern wachsend, meist in 300–600 m Höhe.

Wuchsform: Rhizome eher kurz; Pseudobulben 2–5 cm hoch; von schmalen, lanzettlichen Blättern umschlossen, sowie zwei endständige Blätter, 10–30 cm lang.

Blüte: Blütenstand basal entspringend, 10–60 cm lang, aufrecht oder gebogen; 3–10 Blüten, selten mehr.

Besonderheiten: Tagsüber trocken halten, erst in der Dämmerung für Feuchtigkeit sorgen.

Oncidium jonesianum

Oncidium concolor

Oncidium
Gruppe: *Cebolletae*
Swartz 1800

Arten: Etwa 15 Arten.
Beispiele: *Oncidium ascendens, Oncidium cebolleta, Oncidium jonesianum, Oncidium stacyi.*
Verbreitung: Panama, Brasilien, Bolivien, Kolumbien, Peru und Uruguay. Epiphytisch von Meereshöhe bis 1500 m. Meist in trockenen und heißen Gebieten.
Wuchsform: Kurze Rhizome; Stämme in peitschenförmige, stielrunde Blätter übergehend, 15–60 cm lang.
Blüte: Blütenstand aufrecht, manchmal verzweigend, 40–100 cm lang; Blüten 3–7 cm.
Besonderheiten: Arten vertragen heiße und trockene Kulturbedingungen. Für das Besprühen auf die Dämmerung warten. Junge Blätter wachsen erst aufrecht, biegen sich später um.

warm		temp.
Sonne		HS – Sonne
gering		mäßig
Ja		Ja
B		AB

Oncidium
Gruppe: *Concoloria*
Swartz 1800

Arten: Etwa 12 Arten.
Beispiele: *Oncidium concolor, Oncidium dastyle, Oncidium graminifolium, Oncidium ottonis.*
Verbreitung: Mexiko bis Argentinien, Hauptvorkommen in Brasilien. Epiphytisch meist in laubabwerfenden Wäldern wachsend, in 500–2500 m Höhe.
Wuchsform: Rhizome eher kurz; Pseudobulben 3–5 cm hoch; von schmalen, lanzettlichen Blättern umschlossen, 2 endständige Blätter, 10–30 cm lang.
Blüte: Blütenstand basal entspringend, 15–60 cm lang, aufrecht oder gebogen; 3–10 Blüten, selten mehr.
Besonderheiten: Im Winter sehr hell, kühl und trocken, im Frühjahr und Sommer halbschattig, warm und feucht halten.

Oncidium sarcodes

Oncidium heteranthum

Oncidium
Gruppe: *Crispa*
SWARTZ 1800

Arten: Etwa 15 Arten.
Beispiele: *Oncidium crispum, Oncidium gardneri, Oncidium marshallianum, Oncidium sarcodes.*
Verbreitung: Hauptvorkommen entlang des brasilianischen Orgelgebirges. Epiphytisch in Laubwäldern, in 1500–2000 m Höhe, bei ständig feuchter Meeresluft.
Wuchsform: Rhizome kurz; Pseudobulben 4–6 cm hoch; 1–2 endständige Blätter, 15–30 cm.
Blüte: Blütenstand basal entspringend, 30–60 cm lang, aufrecht, selten gebogen oder verzweigend; 5–12 Blüten.
Besonderheiten: Im Winter hell, trocken und kühl kultivieren, im Frühjahr wärmer, halbschattig und feucht halten. Nach der Blüte nicht wässern, aber regelmäßig besprühen.

temp.		*temp.*
HS – Sonne		*HS*
mäßig		*mäßig*
Ja		*Nein*
AB		*AB*

Oncidium
Gruppe: *Heterantha*
SWARTZ 1800

Arten: Etwa 25 Arten.
Beispiele: *Oncidium abortivum, Oncidium cultratum, Oncidium echinops, Oncidium heteranthum, Oncidium rostratum.*
Verbreitung: Venezuela, Surinam, Peru, Kolumbien und Ecuador. Epiphytisch in 200–3700 m Höhe.
Wuchsform: Rhizome kurz; Pseudobulben 2–9 cm hoch; beblättert, 1–2 endständige Blätter, 10–40 cm lang. Die meisten Arten bleiben klein.
Blüte: Blütenstand basal entspringend, 5–130 cm lang, aufrecht, selten gebogen, stark verzweigend; Blüten zahlreich. Scheinblüten!
Besonderheiten: Die meisten Arten dieser Gruppe werden temperiert kultiviert, trotz der Höhenlage.

Oncidium tigrinum var. *unguiculatum*

Oncidium sphacelatum

Oncidium
Gruppe: *Oblongata*
SWARTZ 1800

Arten: Über 30 Arten.

Beispiele: *Oncidium ampliatum, Oncidium isthmii, Oncidium oblongatum, Oncidium tigrinum.*

Verbreitung: Mittelamerika, Florida, Bahamas und Jamaika. Epiphytisch, meist in luftigen Wäldern in 50–2500 m Höhe.

Wuchsform: Rhizome kurz bis lang; Pseudobulben 5–12 cm hoch; wenig beblättert, 1–2 endständige Blätter, 25–40 cm lang.

Blüte: Blütenstand basal entspringend, 50–400 cm lang, aufrecht, überhängend, stark verzweigend, vielblütig.

Besonderheiten: Die Arten sind sehr wüchsig, benötigen aber Platz. Trotz des Vorkommens in höheren Lagen wachsen diese Arten unter temperierten bis warmen Kulturbedingungen.

temp. – warm		*kühl – warm*
HS – Sonne		*HS – Sonne*
mäßig		*mäßig*
Ja		*Ja*
AB		*AB*

Oncidium
Gruppe: *Planifolia*
SWARTZ 1800

Arten: Über 30 Arten.

Beispiele: *Oncidium baueri, Oncidium sphacelatum, Oncidium stenotis, Oncidium wentworthianum.*

Verbreitung: Im gesamten Mittelamerika, bis Brasilien, auch Karibik. Epiphyten meist exponierter oder halbschattiger Lagen, in 0–2300 m Höhe.

Wuchsform: Rhizome kurz bis lang; Pseudobulben 3–12 cm hoch; stark beblättert, 1–2 endständige Blätter, 15–50 cm lang.

Blüte: Blütenstand basal entspringend, 50–250 cm lang, aufrecht, überhängend, stark verzweigend; viele Blüten, meist klein.

Besonderheiten: Für viel Luftbewegung sorgen. Ruhephase fehlt. Pflanzen werden sehr groß.

Oncidium phymatochilum

Oncidium harrisonianum

Oncidium

Gruppe: *Planilabris*

Swartz 1800

Arten: Etwa 18 Arten.

Beispiele: *Oncidium bidentatum, Oncidium phymatochilum, Oncidium planilabre, Oncidium powellii.*

Verbreitung: Mittelamerika. Epiphyten, meist exponiert in Bäumen, in 200–2500 m Höhe. Sowohl schattig als auch hell wachsend.

Wuchsform: Rhizome kurz bis lang; Pseudobulben 5–12 cm hoch; stark belaubt, Blätter weich bis ledrig, 20–50 cm lang.

Blüte: Blütenstand basal entspringend, 50–160 cm lang, gebogen bis hängend, verzweigend; 50–200 Blüten, 3–5 cm groß.

Besonderheiten: Trotz der Höhenangaben eher temperiert bis warm zu kultivieren. Diese Orchideen sind meist starkwüchsig und benötigen viel Platz.

temp.		*temp.*
HS		*HS – Sonne*
feucht		*mäßig*
Ja		*Ja*
A		*AB*

Oncidium

Gruppe: *Pulvinata*

Swartz 1800

Arten: Etwa 5 Arten.

Beispiele: *Oncidium divaricatum, Oncidium harrisonianum, Oncidium pulvinatum, Oncidium sphegiferum.*

Verbreitung: Brasilien. Epiphytisch auf bemoosten Bäumen, selten auch lithophytisch, in 1300–1800 m Höhe.

Wuchsform: Rhizome kurz; Pseudobulben büschelig, 2–7 cm hoch; meist 1 endständiges, meist fleischiges Blatt, 10–25 cm lang.

Blüte: Blütenstand basal entspringend, 20–50 cm lang, (selten bis 150 cm) aufrecht, überhängend, stark verzweigend; 10 bis zahlreiche, kleine Blüten.

Besonderheiten: Blockkultur möglich. Kein ausgeprägter Wachtumsrhythmus. Während des Wachstums deutlich stärker gießen.

Oncidium ornithorhynchum

Oncidium hastatum

Oncidium

Gruppe: *Rostrata*

Swartz 1800

Arten: Über 30 Arten.

Beispiele: *Oncidium cheirophorum, Oncidium luteum, Oncidium ornithorhynchum, Oncidium trulliferum.*

Verbreitung: Nicaragua, Kolumbien, Costa Rica, Panama, Ecuador, Peru und Brasilien. Epiphytisch im luftigen Nebelwald in 1000–2000 m Höhe (selten höher).

Wuchsform: Rhizome kurz; Pseudobulben büschelig, 2–5 cm hoch; meist 1–2 endständige Blätter, 10–25 cm lang.

Blüte: Blütenstand basal entspringend, 15–45 cm lang, aufrecht, überhängend, verzweigend; vielblütig.

Besonderheiten: Kultur im Topf oder aufgebunden möglich. Ruhephase fehlt. Ganzjährig trockener als vergleichbare Arten kultivieren.

Oncidium

Gruppe: *Stellata*

Swartz 1800

Arten: Etwa 15 Arten.

Beispiele: *Oncidium cariniferum, Oncidium hastilabium, Oncidium laeve, Oncidium maculatum.*

Verbreitung: Costa Rica, Panama, Ecuador, Peru, Bolivien, Guatemala, Honduras und an der Pazifikküste Mexikos. Epiphytisch in exponierten Lagen in 250–2200 m Höhe.

Wuchsform: Rhizome kurz; Pseudobulben büschelig angeordnet, 5–7 cm hoch; 1–2 endständige, fleischige Blätter, 20–35 cm lang.

Blüte: Blütenstand basal entspringend, 15–350 cm lang, aufrecht, überhängend, verzweigend; 10 oder mehr Blüten, meist über 5 cm groß.

Besonderheiten: Temperiert bis warm und halbschattig bis hell kultivieren.

Rostrata		*Stellata*
kühl – temp.	(Temperatur)	*temp. – warm*
HS	(Licht)	*HS – Sonne*
mäßig	(Wasser)	*mäßig*
Nein	(Ruhephase)	*Ja*
AB	(Topf)	*A*

Oncidium flexuosum

Oncidium pubes

Oncidium

Gruppe: *Synsepala*

SWARTZ 1800

Arten: Etwa 30 Arten.

Beispiele: *Oncidium bicolor, Oncidium blanchetii, Oncidium spilopterum, Oncidium varicosum.*

Verbreitung: Brasilien, Bolivien, Paraguay, Peru, Uruguay und Argentinien. Terrestrisch auf Grashängen, aber meist epiphytisch wachsend. In 1200–3000 m Höhe, in niedrigen Lagen häufig in Flussnähe.

Wuchsform: Rhizome kurz bis lang; Pseudobulben 3–8 cm hoch; meist 1–2 endständige Blätter, 10–25 cm lang.

Blüte: Blütenstand basal entspringend, 15–160 cm lang, aufrecht, überhängend; 10 bis 50 Blüten, 3–6 cm groß.

Besonderheiten: Während des Wachstums hohe Luftfeuchte und viel Dünger, im Winter trocken halten.

Synsepala		Waluewa
kühl – temp.		temp.
HS – Sonne		HS – Sonne
mäßig		mäßig
Ja		Ja
AB		AB

Oncidium

Gruppe: *Waluewa*

SWARTZ 1800

Arten: Über 20 Arten.

Beispiele: *Oncidium fimbriatum, Oncidium lietzei, Oncidium pubes, Oncidium waluewa.*

Verbreitung: Brasilien bis Paraguay, auch Argentinien. Epiphytisch auf bemoosten Bäumen, zum Teil in sehr trockenen Gebieten, in 300–1200 m Höhe.

Wuchsform: Rhizome kurz; Pseudobulben büschelig, 2–7 cm hoch; meist 1 endständiges, meist fleischiges Blatt, 10–25 cm lang.

Blüte: Blütenstand basal entspringend, 20–50 cm lang, aufrecht, überhängend, verzweigend; viele Blüten,1–2 cm groß.

Besonderheiten: Blockkultur möglich. Kein ausgeprägter Wachtumsrhythmus. Nach dem Triebabschluss bis zum Erscheinen des Neutriebes deutlich trockener halten.

Ornithocephalus spec.

Ornithochilus fuscus

Ornithocephalus

HOOKER 1824

Arten: Etwa 50 Arten.

Beispiele: *Ornithocephalus bicornis, Ornithocephalus iridifolius, Ornithocephalus kruegeri.*

Verbreitung: In den Tropen Mittel- und Südamerikas. Epiphytisch auf Zweigen oder Ästen im feuchten Nebelwald bis 1100 m Höhe, häufig auch in Zitrusplantagen.

Wuchsform: Sympodial; Wurzeln fein, büschelig; ohne Pseudobulben; Blätter fächerartig angeordnet, 3–7 cm lang.

Blüte: Blütenstände blattachselbürtig, waagerecht bis hängend, locker traubig; 5–30 Blüten, 0,4–0,8 cm groß, Blüten meist weißlich-grünlich.

Besonderheiten: Blockkultur empfohlen. Für gleichmäßige Luftfeuchte sorgen, denn am Naturstandort gibt es morgens und abends viel Tau.

temp. – warm		*temp. – warm*
HS		*HS – Sonne*
feucht		*mäßig*
Nein		*Nein*
B		*A*

Ornithochilus

(LINDLEY) BENTHAM 1883

Arten: 2–3 Arten.

Beispiele: *Ornithochilus difformis, Ornithochilus fuscus.*

Verbreitung: Südostasien, vom nordwestlichen Himalaja bis Malaysia. Epiphytisch, meist auf älteren Laubbäumen in 300–1600 m Höhe.

Wuchsform: Monopodial; Wurzeln wenig, dick fleischig; Stamm gedrungen kurz, 3–10 cm hoch; dicht beblättert, Blätter fleischig, 3–5 cm breit, 7–18 cm lang.

Blüte: Blütenstände seitlich, waagerecht bis hängend, 20–35 cm lang, verzweigend; locker vielblütig, 10–30 Blüten, 0,6–1,2 cm groß, mit 0,5 cm langem Sporn.

Besonderheiten: Im Topf gut durchlüftendes Substrat verwenden. Im Winter trockener bei hoher Luftfeuchte halten.

Ornithophora radicans

Osmoglossum pulchellum

Ornithophora

Barbosa Rodrigues 1882

Arten: Monotypisch, nur eine Art.

Beispiele: *Ornithophora radicans.*

Verbreitung: Im Süden und Südosten Brasiliens. Epiphytisch auf alten Bäumen in etwa 400m Höhe.

Wuchsform: Sympodial; Rhizom 2–5 cm lang, verzweigend, büschelig; Pseudobulben flach, 1,5–3 cm hoch; 2 endständige Blätter, Blatt krautig, schmal, 8–15 cm lang.

Blüte: Blütenstände basal entspringend, aufrecht, locker besetzt, 8–15 cm lang; Blüten 1,5–2 cm groß.

Besonderheiten: Topfkultur in flachen Schalen oder auf größeren Unterlagen möglich. Benötigt während des Wachstums hohe Luftfeuchtigkeit und Schatten, nach der Blüte trockener halten.

temp.		kühl
HS		HS
feucht		feucht
Nein		Ja
AB		A

Osmoglossum

Schlechter 1922

Arten: Etwa 3 Arten.

Beispiele: *Osmoglossum convallarioides, Osmoglossum egertonii, Osmoglossum pulchellum.*

Verbreitung: Mexiko bis Costa Rica. Meist epi-, auch lithophytisch, in luftigen Nebelwäldern, 1400–2700 m hoch in den Anden.

Wuchsform: Sympodial; Rhizom kurz, büschelig; Pseudobulben oval, flach, 4–7 cm hoch; 2 endständige Blätter, Blatt krautig, schmal, 10–34 cm lang.

Blüte: Blütenstände basal entspringend, aufrecht, locker traubig, besetzt, 12–50 cm lang; Blüten weiß, nicht resupinierend, stark duftend.

Besonderheiten: Topfkultur empfohlen. Halbschattig stellen. In der Ruhephase trockener halten, aber immer für feuchte Frischluft sorgen.

Pabstia virides

Palumbina candida

Pabstia

GARAY 1973

Arten: Etwa 5 Arten.

Beispiele: *Pabstia jugosa, Pabstia modestior, Pabstia schunkiana, Pabstia viridis.*

Verbreitung: Brasilien. Epiphytisch, terrestrisch oder lithophytisch (selten) wachsend. Meist in Küstennähe in immerfeuchten Bergwäldern, in 200–1500 m Höhe.

Wuchsform: Sympodial; Rhizom kurz, büschelig; Pseudobulben schmal eiförmig, 5–7 cm hoch; 2 endständige Blätter, Blatt krautig, 3–5 cm breit, 15–25 cm lang.

Blüte: Blütenstände basal entspringend, aufrecht, oben locker besetzt, 15–20 cm lang; Blüten 6–7 cm groß, duftend.

Besonderheiten: Topfkultur in flachen Schalen empfohlen. Gattung reagiert auf Trockenheit empfindlich. Im Winter trockener bei hoher Luftfeuchte halten.

Pabstia		Palumbina
temp. – warm		temp.
Sch – HS		HS
feucht		feucht
Nein		Nein
AD		A

Palumbina

REICHENBACH f. 1863

Arten: Monotypisch, nur eine Art.

Beispiele: *Palumbina candida.*

Verbreitung: Guatemala und Mexiko. Epiphytisch auf Eichen und Kiefern im Regen und Nebelwald, in 1600–2100 m Höhe.

Wuchsform: Sympodial; Rhizom kurz, büschelig; Pseudobulben länglich-elliptisch, 3–5 cm hoch; 1 endständiges Blatt, Blatt schwach ledrig, 1,5–2 cm breit, 10–30 cm lang.

Blüte: Blütenstände basal entspringend, aufrecht, oben locker besetzt, 25–40 cm lang; Blüten 2,5–4 cm groß, weiß, duftend.

Besonderheiten: Topfkultur in kleinen Töpfen empfohlen. Pflanzen reagieren auf Trockenheit empfindlich, benötigen immer feuchte Frischluft. Keine Ruhephase.

Panisea albiflora

Paphinia herrerae

Panisea

LINDLEY 1854

Arten: Etwa 9 Arten.

Beispiele: *Panisea albiflora, Panisea tricallosa, Panisea uniflora, Panisea yunnanensis.*

Verbreitung: Assam bis Vietnam, entlang des südlichen Himalaja. Epi-, selten lithophytisch in Höhenlagen von 1100–2150 m.

Wuchsform: Sympodial; Rhizom 1–2 cm kurz, kletternd, verzweigend; Pseudobulben eiförmig, 1,5–3,5 cm hoch, 2 endständige Blätter, Blätter schmal, 1,5–3 cm breit, 8–16 cm lang.

Blüte: Blütenstände mit oder vor den Pseudobulben erscheinend, basal entspringend, aufrecht, 3–4 cm lang; 1–3 Blüten, 1,5–4 cm groß.

Besonderheiten: Topfkultur in flachen Schalen oder Blockkultur auf länglichen Unterlagen empfohlen.

Panisea		Paphinia
temp.		temp. – warm
HS		Sch – HS
feucht		feucht
Nein		Nein
BD		C

Paphinia

LINDLEY 1843

Arten: Etwa 12 Arten.

Beispiele: *Paphinia cristata, Paphinia herrerae, Paphinia lindeniana, Paphinia neudeckeri.*

Verbreitung: Kolumbien, Peru, Venezuela und nördliches Brasilien. Epiphytisch, im feuchten Regenwald in Höhenlagen von 200–1000 m.

Wuchsform: Sympodial; Rhizom kurz, büschelig; Pseudobulben eiförmig, 3,5–6 cm hoch; 2 endständige Blätter, Blätter bis 5 cm breit, krautig, 15–25 cm lang.

Blüte: Blütenstände, basal entspringend, hängend, 5–15 cm lang; 1–3 Blüten, nach unten zeigend, 6–12 cm groß, kurze Blühdauer.

Besonderheiten: Kultur im Körbchen erforderlich. Substrat darf nie ganz austrocknen, feuchte Frischluft vorteilhaft.

Paphiopedilum rothschildianum

Paphiopedilum urbanianum

Paphiopedilum
PFITZER 1886

Arten: Etwa 120 Arten.

Beispiele: Unterteilt je nach Autor in 8 Untergattungen oder mehr.

Verbreitung: Südostasien, Indien, China, Philippinen, Malakka, Borneo und umgrenzende Inselwelt. Terrestrisch, selten epiphytisch, in Humusnestern, in Höhenlagen von 0–2900 m.

Wuchsform: Rhizome sehr kurz bis lang; Wurzeln fleischig; braun, behaart; Stamm kurz; dicht beblättert, Blätter schmal bis breit, einfarbig oder bunt.

Blüte: Blütenstand aufrecht, 3–120 cm hoch; 1–9 Blüten, 3–30 cm groß. Blüten sind sehr unterschiedlich geformt.

Besonderheiten: Topfkultur möglich. Die einzelnen Gruppen haben unterschiedliche Kulturansprüche.

kühl – warm		*temp. – warm*
Sch – Sonne		*HS – Sch*
mäßig		*mäßig*
Nein		*Nein*
A		*A*

Paphiopedilum
Gruppe: *Barbata*
PFITZER 1886

Arten: Etwa 40–45 Arten.

Beispiele: *Paphiopedilum appletonianum, Paphiopedilum callosum, Paphiopedilum curtisii, Paphiopedilum sukhakulii.*

Verbreitung: Tropisches Südostasien, bis Philippinen und Papua-Neuguinea. Terrestisch in Laub- oder Humusnestern wachsend, 300–1800 m Höhe.

Wuchsform: Wurzeln fleischig; Rhizome kurz; Stamm kurz; dicht beblättert, marmoriert, 3–6 cm breit, 8–45 cm lang.

Blüte: Blütenstand terminal, aufrecht, 15–55 cm hoch; fast immer einblütig, Blüte meistens mit Warzen, 6–10 cm groß.

Besonderheiten: Diese Gruppe temperiert bis sehr warm kultivieren. Verträgt Halbschatten bis Schatten. Für feuchte Frischluft sorgen.

Paphiopedilum concolor

Paphiopedilum chamberlainianum

Paphiopedilum
Gruppe: *Brachypetalum*
PFITZER 1886

Arten: Etwa 6 Arten.

Beispiele: *Paphiopedilum bellatulum, Paphiopedilum concolor, Paphiopedilum leucochilum, Paphiopedilum niveum.*

Verbreitung: Südwestliches China, kontinentales Südostasien. Terrestrisch in Humusnestern, meistens exponiert an Kalkfelsen, von Meereshöhe bis 600 m.

Wuchsform: Wurzeln fleischig; Rhizome kurz; Stamm kurz; dicht beblättert, Blätter dunkel marmoriert, 2–5 cm breit, 10–20 cm lang.

Blüte: Blütenstand terminal, aufrecht, 5–15 cm hoch; 1–3 Blüten, Petalen größer als Sepalen, 6–10 cm groß.

Besonderheiten: Diese Gruppe ist sehr wärme- und kalkliebend und benötigt feuchte Frischluft. Im Winter trocken halten.

temp. – warm		temp. – warm
HS – Sonne		HS
mäßig		mäßig
Nein		Nein
A		A

Paphiopedilum
Gruppe: *Cochlopetalum*
PFITZER 1886

Arten: Etwa 6–9 Arten.

Beispiele: *Paphiopedilum glaucophyllum, Paphiopedilum liemianum, Paphiopedilum moquetteanum, Paphiopedilum primulinum.*

Verbreitung: Sumatra und Java. Terrestrisch und lithophytisch in Humusnestern, im Wald und an Kalkfelsen, halbschattig von Meereshöhe bis zu 800 m.

Wuchsform: Wurzeln fleischig; Rhizome kurz; Stamm kurz; dicht beblättert, Blätter dunkelgrün, 4–7 cm breit, 15–35 cm lang.

Blüte: Blütenstand terminal, aufrecht, 15–45 cm hoch; mehrere Blüten, 5–8 cm groß. Blüht nacheinander an derselben Infloreszenz für mehrere Monate.

Besonderheiten: Diese Arten benötigen Wärme, feuchte Frischluft und Halbschatten.

Paphiopedilum stonei

Paphiopedilum emersonii

Paphiopedilum
Gruppe: *Corypetalum*
PFITZER 1886

Arten: Etwa 15 Arten.

Beispiele: *Paphiopedilum philippinense, Paphiopedilum praestans, Paphiopedilum rothschildianum, Paphiopedilum sanderianum.*

Verbreitung: Borneo, Philippinen und Papua-Neuguinea. Lithophytisch oder terrestisch, halbschattig bis exponiert in Laub- oder Humusnestern wachsend, 140–1700 m Höhe.

Wuchsform: Wurzeln fleischig; Rhizome kurz; Stamm kurz; dicht beblättert, Blätter hellgrün, fast ledrig, 4–12 cm breit, 25–75 cm lang.

Blüte: Blütenstand terminal, aufrecht, 35–155 cm hoch; 2–10 Blüten, 10–30 cm groß, Petalenlänge bis 75 cm.

Besonderheiten: Temperiert bis sehr warm kultivieren, dabei trockene Luft vermeiden. Halbschattig bis sehr hell stellen.

temp. – warm		temp. – warm
HS – Sonne		Sch – HS
mäßig		mäßig
Nein		Nein
A		A

Paphiopedilum
Gruppe: *Emersonianum*
PFITZER 1886

Arten: 2 Arten.

Beispiele: *Paphiopedilum emersonii, Paphiopedilum hangianum.*

Verbreitung: Nordvietnam und China. Terrestrisch auf Kalkfelsen, auch lithophytisch in Humusnestern an schattigen Stellen, meist unter Laubbäumen, in 400–700 m Höhe.

Wuchsform: Wurzeln fleischig; Rhizome kurz; Stamm kurz; dicht beblättert, Blätter dunkelgrün, ledrig, 4–7 cm breit, 15–35 cm lang.

Blüte: Blütenstand terminal, aufrecht, 8–15 cm hoch; Einzelblüte, 10–15 cm groß, Petalen sehr breit. Duftend!

Besonderheiten: Im Sommer schattig, feucht und warm kultivieren, im Winter kühl, trocken und hell.

Paphiopedilum boxallii

Paphiopedilum lowii

Paphiopedilum
Gruppe: *Paphiopedilum*
Pfitzer 1886

Arten: Etwa 18 Arten.

Beispiele: *Paphiopedilum charlesworthii, Paphiopedilum insigne, Paphiopedilum spicerianum, Paphiopedilum villosum.*

Verbreitung: Kontinentales Südostasien. Humusepiphyt, terrestrisch oder epiphytisch in Astgabeln, meistens auf Moos, schattig, in 300–2000 m Höhe.

Wuchsform: Wurzeln fleischig; Rhizome kurz; büschelig; Stamm kurz; dicht beblättert, Blätter hellgrün, 2–6 cm breit, 15–35 cm lang.

Blüte: Blütenstand terminal, aufrecht, 12–25 cm hoch; Einzelblüte, 4–10 cm groß.

Besonderheiten: Kühl bis temperiert kultivieren. Im Winter zeigen diese Arten meist eine deutliche Ruhephase, dann trocken und kühl halten.

kühl – temp.		*temp. – warm*
HS – Sonne		*HS – Sonne*
mäßig		*mäßig*
Ja		*Nein*
A		*A*

Paphiopedilum
Gruppe: *Pardalopetalum*
Pfitzer 1886

Arten: Etwa 6 Arten.

Beispiele: *Paphiopedilum dianthum, Paphiopedilum haynaldianum, Paphiopedilum lowii, Paphiopedilum parishii.*

Verbreitung: Indien, Borneo und Philippinen. Terrestrisch, epi- und lithophytisch in Humusnestern bzw. in Astgabeln, halbschattig bis sonnig, von Meereshöhe bis 1200 m Höhe.

Wuchsform: Wurzeln fleischig; Rhizome kurz; Stamm kurz; dicht beblättert, Blätter hellgrün, fast ledrig, 4–5 cm breit, 25–55 cm lang.

Blüte: Blütenstand terminal, aufrecht, 30–75 cm hoch; 2–6 Blüten, 10–15 cm groß.

Besonderheiten: Temperiert bis warm und halbschattig bis sehr hell kultivieren. Im Winter trocken und kühler halten.

Paphiopedilum fanaticum

Papilionanthe subulata

Paphiopedilum
Gruppe: *Parvisepalum*
PFITZER 1886

Arten: Etwa 8 Arten.

Beispiele: *Paphiopedilum armeniacum, Paphiopedilum delenatii, Paphiopedilum micranthum, Paphiopedilum malipoense.*

Verbreitung: Nordvietnam und China. Terrestrisch auf Kalkfelsen, auch lithophytisch in Humusnestern, in 400–800 m Höhe.

Wuchsform: Wurzeln fleischig; Rhizome z. T. sehr lang; Stamm kurz; dicht beblättert, Blätter gemustert, ledrig, 2–5 cm breit, 8–17 cm lang.

Blüte: Blütenstand terminal, aufrecht, 12–45 cm hoch; Einzelblüte 8–12 cm groß; Petalen breit, bauchiger Schuh.

Besonderheiten: *Paph. armeniacum* und *Paph. micranthum* wachsen in bis zu 2000 m Höhe, auch unter Schnee! Kultur in flachen Schalen empfohlen.

Paphiopedilum		Papilionanthe
kühl – warm	(Temperatur)	warm
HS – Sonne	(Licht)	Sonne
mäßig	(Gießen)	mäßig
Nein	(Ruhezeit)	Nein
D	(Substrat)	AC

Papilionanthe
SCHLECHTER 1915

Arten: Etwa 6–8 Arten.

Beispiele: *Papilionanthe hookeriana, Papilionanthe subulata, Papilionanthe teres, Papilonanthe vandarum.*

Verbreitung: Vietnam, Thailand und Indonesien. Epiphytisch an Bäumen in Sumpfgebieten und trockenen Wäldern, von Meereshöhe bis 700 m, in sehr sonnigen Lagen.

Wuchsform: Monopodial; Pflanzenhöhe von 60 bis über 200 cm; Blattspanne von 10–20 cm, Blätter und Stamm stielrund, ledrig.

Blüte: Mehrere aufrechte bis überhängende Blütenstände, 30–50 cm lang; 6–12 Blüten, 4–8 cm groß, häufig duftend.

Besonderheiten: Sehr luftiges Substrat verwenden, Kletterhilfe ist nötig. Diese Gattung hat sehr hohen Lichtbedarf.

Papperitzia leiboldii

Paradisanthus micranthus

Papperitzia

REICHENBACH f. 1852

Arten: Monotypisch, nur 1 Art.
Beispiele: *Papperitzia leiboldii.*
Verbreitung: Endemisch in Mexiko, den Provinzen Oaxaca und Vera Cruz. Epiphytisch auf Ästen von Büschen in der Nähe von Bachläufen vorkommend, in Höhen von 2000–2600 m.
Wuchsform: Wurzeln fein; Rhizome kurz; sehr kleine Bulben, 0,5–0,8 cm Durchmesser; dicht fächerartig beblättert, 6–10 cm hoch, Blätter ledrig.
Blüte: Blütenstand seitlich entspringend, hängend, 10–20 cm lang, locker besetzte Traube; 5–12 Blüten, 1,5–2 cm groß.
Besonderheiten: Blockkultur empfohlen. Am Naturstandort bildet sich in den Morgen- und Abendstunden viel Tau, tagsüber ist es trocken. Art hat keine Ruhephase.

temp.		*temp. – warm*
HS		*HS – Sonne*
mäßig		*feucht*
Nein		*Ja*
AB		*A*

Paradisanthus

REICHENBACH f. 1852

Arten: Etwa 7 Arten.
Beispiele: *Paradisanthus bahiensis, Paradisanthus micranthus, Paradisanthus neglectus, Paradisanthus paulensis.*
Verbreitung: In den Küstenregionen südlich von Bahia, Brasilien. Terrestrisch in halbschattigen Gebieten, in 200–800 m Höhe.
Wuchsform: Sympodial; Wurzeln dick und zahlreich; Pseudobulben fleischig; 2–4 cm hoch; Blätter zahlreich, krautig, 10–30 cm lang.
Blüte: Blütenstände grundständig, aufrecht, 25–75 cm hoch, locker besetzt im oberen Bereich; 5–15 Blüten, 1,5–3 cm groß.
Besonderheiten: Topfkultur. Während des Wachstums feucht halten, nach Triebabschluss trockener.

Paraphalaenopsis labukensis

Pecteilis sagarikii

Paraphalaenopsis

A. D. Hawkes 1964

Arten: Wahrscheinlich nur 4 Arten.

Beispiele: *Paraphalaenopsis denevei, Paraphalaenopsis labukensis, Paraphalaenopsis laycockii, Paraphalaenopsis serpentilingua.*

Verbreitung: Borneo. Epiphytisch an Bäumen, in feucht-warmen Gebieten, in 200–1000 m Höhe. Selten!

Wuchsform: Monopodial; Wurzeln fleischig; Stamm stielrund, kurz; 4–6-blättrig, Blätter stielrund, hängend, 30–200 cm lang.

Blüte: 1–2 aufrechte bis überhängende Blütenstände, 20–40 cm lang; 6–12 Blüten, 4–6 cm groß, häufig nach Zimt duftend.

Besonderheiten: Hängender Wuchs. Blockkultur vorteilhaft. Gattung, benötigt hohe Luftfeuchte und Wärme. Auch Rattenschwanz-Orchidee genannt.

temp. - warm		*temp.*
HS - Sonne		*Sch - HS*
feucht		*feucht*
Nein		*Ja*
B		*E*

Pecteilis

Rafinesque 1836

Arten: Etwa 9 Arten.

Beispiele: *Pecteilis henryi, Pecteilis radiata, Pecteilis sagarikii, Pecteilis susannae.*

Verbreitung: Südostasien bis Japan. Terrestrisch meist in schattigen Feuchtgebieten und Grasland, in 500–2000 m Höhe.

Wuchsform: Sympodial; unterirdische Knolle; kurzer bis langer aufrechter Stamm, 1–20 cm; zwei- bis mehrblättrig, Blätter gegenständig oder rosettenförmig, krautig, 10–15 cm lang.

Blüte: Blütenstand terminal, aufrecht, 20–45 cm hoch; 3–8 Blüten weiß, endständig, 4–6 cm groß, Seitenlappen der Lippe meist gefranst.

Besonderheiten: In der Ruhephase trocken und dunkel halten, erst nach dem Austrieb wieder gießen.

Pelatantheria ctenoglossa

Peristeria elata

Pelatantheria

RIDLEY 1896

Arten: 5 Arten.

Beispiele: *Pelatantheria bicuspidata, Pelatantheria ctenoglossa, Pelatantheria insectifera, Pelatantheria scolopendrifolia.*

Verbreitung: Südostasien, Südchina und Indonesien. Epiphytisch oder terrestrisch, in Wäldern, selten auf Kalkfelsen, in 500–1200 m Höhe.

Wuchsform: Monopodial; Wurzeln fleischig; .20–80 cm hoch, Stamm verzweigend; dicht beblättert, Blatt ledrig, fleischig, 6–12 cm lang.

Blüte: Blütenstand seitlich, 2–6 cm lang, überhängend; 3–6 Blüten, 1,2–2 cm groß.

Besonderheiten: Blockkultur empfohlen. Bei Topfkultur sehr luftiges Substrat verwenden. Eine Kletterhilfe ist nötig. Gattung ist sehr lichtbedürftig und mag hohe Luftfeuchte.

Pelatantheria		Peristeria
temp. – warm		temp. – warm
HS – Sonne		HS
mäßig		feucht
Nein		Ja
AB		AC

Peristeria

HOOKER 1831

Arten: Etwa 8–11 Arten.

Beispiele: *Peristeria elata, Peristeria guttata, Peristeria lindenii, Peristeria pendula.*

Verbreitung: Nördliches Süd- und Mittelamerika. Epiphytisch, auch terrestrisch und lithophytisch im feuchten, tropischen Regenwald, in 100–1200 m Höhe.

Wuchsform: Sympodial; Pseudobulben büschelig angeordnet, bis 12 cm hoch; 1–2 endständige Blätter, 9–12 cm breit, 30–100 cm lang.

Blüte: Blütenstand basal entspringend, hängend oder aufrecht, 15–100 cm lang, dicht besetzt; Blüte 6–9 cm groß, gefleckt.

Besonderheiten: Kultur im Körbchen oder großen Töpfen empfohlen. Während des Wachstums feucht halten. Blüte häufig nach Laubfall.

Pescatoria cerina

Phaius wallichi

Pescatoria

Reichenbach f. 1869

Arten: Etwa 12–14 Arten.

Beispiele: *Pescatoria cerina, Pescatoria dayana, Pescatoria lehmanii, Pescatoria wallisii.*

Verbreitung: Costa Rica, Kolumbien und Ecuador. Epiphytisch im feuchten Regenwald, auf dicken Stämmen an schattigen, häufig bemoosten Stellen in 500–2200 m Höhe.

Wuchsform: Sympodial; Rhizome sehr kurz; bulbenlos; Blätter weich, fächerartig, bis zu 7 cm breit und 60 cm lang.

Blüte: Blütenstände grundständig, aufrecht; 7–15 cm hoch; Einzelblüte, Blüten auffällig, 5–7 cm groß. Kann mehrmals pro Trieb blühen.

Besonderheiten: Die Pflanzen nie ganz austrocknen lassen. Vorsicht bei hohen Düngegaben.

Pescatoria		Phaius
temp.		temp.
Sch – HS		HS
feucht		feucht
Nein		Ja
A		A

Phaius

Loureiro 1790

Arten: Etwa 30–50 Arten.

Beispiele: *Phaius flavus, Phaius luteus, Phaius mishmensis, Phaius tankervillae.*

Verbreitung: Madagaskar, Philippinen, Südostasien, Australien und den meisten Pazifischen Inseln. Meist terrestrisch in Feuchtgebieten, in bis zu 1300 m Höhe.

Wuchsform: Sympodial; Pseudobulben länglich bis eiförmig, dicht beblättert, 4–12 cm hoch; 4–6 krautige Blätter, gestielt, 30–100 cm lang.

Blüte: Blütenstand basal entspringend, aufrecht, im oberen Drittel dicht besetzt; 6–12 Blüten, nacheinander aufblühend, farbenprächtig.

Besonderheiten: Deutliche Ruhephase nach Blattfall. Erst nach Wurzelbildung am Neutrieb wieder gießen. Häufig duftend.

Phalaenopsis aphrodite

Phalaenopsis amboinensis

Phalaenopsis

BLUME 1825

Arten: Etwa 45 Arten.

Beispiele: Unterteilt in 9 Gruppen, eine Auswahl folgt auf den nächsten Seiten.

Verbreitung: Von Indien bis Australien, von den Philippinen bis Taiwan. Epiphytisch auf Bäumen, meist an geschützten Stellen, von Meereshöhe bis 500 m Höhe, nur selten in höheren Lagen.

Wuchsform: Monopodial; Wurzeln zahlreich; Stamm 2–5 cm hoch; Blätter zweizeilig, schmal bis breit, 5–65 cm lang, z. T. buntlaubig.

Blüte: Blütenstand seitlich, aufrecht oder überhängend, 5–150 cm lang, auch verzweigend; vielblütig, Blüte 2–8 cm groß.

Besonderheiten: Topfkultur empfohlen; kleine Arten auch aufgebunden zu kultivieren. Blüteninduktion erfolgt durch kühlere Phase bei 14–16 °C.

temp. – warm		*warm*
HS		*HS*
mäßig		*mäßig*
Nein		*Nein*
AB		*A*

Phalaenopsis

Gruppe: *Amboinensis*

BLUME 1825

Arten: 17 Arten.

Beispiele: *Phalaenopsis amboinensis, Phalaenopsis bellina, Phalaenopsis gigantea, Phalaenopsis javanica.*

Verbreitung: Philippinen, Indonesien und Borneo. Epiphytisch auf Bäumen, meist an geschützten Stellen, in 0–500 m Höhe.

Wuchsform: Monopodial; Wurzeln zahlreich; Stamm 3–4 cm hoch; Blätter zweizeilig, schmal bis breit, 8–40 cm lang.

Blüte: Blütenstand seitlich, aufrecht oder hängend, 5–40 cm lang; mehrblütig, Blüte 2–8 cm. Blütenstände können z. T. mehrmals nachblühen.

Besonderheiten: Topfkultur empfohlen. Diese Gruppe ist sehr wärmeliebend. *Phal. gigantea* und *doweryensis* haben Blattspannweite von bis zu 1 m!

Phalaenopsis braceana

Phalaenopsis fuscata

Phalaenopsis
Gruppe: *Aphyllae* (s. *Kingidium*)
BLUME 1825

Arten: Etwa 6 Arten.

Beispiele: *Phalaenopsis braceana, Phalaenopsis chibae, Phalaenopsis stobartiana, Phalaenopsis wilsonii.*

Verbreitung: Indien, Vietnam, China, Hainan. Epiphytisch, in 400–2100 m Höhe.

Wuchsform: Monopodial; Wurzeln zahlreich, abgeflacht, silbrig; kurzer Stamm, 5–12 mm hoch; Blätter zweizeilig, schmal bis breit, 5–12 cm lang, häufig mit violetten Punkten.

Blüte: Blütenstand seitlich, aufrecht, gelegentlich verzweigend, 5–12 cm lang; 3–12 Blüten, 2,5–3,5 cm groß.

Besonderheiten: Topf- und Blockkultur möglich. Einige Arten sind laubabwerfend, sie treiben im Frühjahr wieder aus.

Phalaenopsis
Gruppe: *Fuscatae*
BLUME 1825

Arten: 4–5 Arten.

Beispiele: *Phalaenopsis cochlearis, Phalaenopsis fuscata, Phalaenopsis kunstleri, Phalaenopsis virides.*

Verbreitung: Malakka, Sumatra und Borneo. Epiphytisch auf Bäumen im tropischen Regenwald, lithophytisch an Kalkfelsen, in 400–700 m Höhe.

Wuchsform: Monopodial; Wurzeln fleischig; Stamm 3–4 cm hoch; Blätter zweizeilig, schmal bis breit, graugrün, 8–25 cm lang.

Blüte: Blütenstand seitlich, aufrecht oder überhängend, 20–50 cm lang; mehrblütig, Blüte 3–4 cm groß. Blütenstände können z. T. mehrmals nachblühen.

Besonderheiten: Diese Arten sind extrem wärmeliebend. Auf zu hohe Düngegaben reagieren sie empfindlich.

temp. – warm		*warm*
HS		*HS*
feucht		*mäßig*
Ja		*Nein*
AB		*A*

Phalaenopsis parishii

Phalaenopsis stuartiana

Phalaenopsis
Gruppe: *Parishianae*
Blume 1825

Arten: 3 Arten.
Beispiele: *Phalaenopsis gibbosa, Phalaenopsis lobbii, Phalaenopsis parishii.*
Verbreitung: Indien, Laos und Vietnam. Epiphytisch, oft auf bemoosten Stämmen mit rauer Rinde, häufig in der Nähe von Wasserläufen, in 0–1000 m Höhe.
Wuchsform: Monopodial; Wurzeln zahlreich, abgeflacht, silbrig; kurzer Stamm, 5–12 mm hoch; Blätter zweizeilig, schmal bis breit, 5–7 cm lang.
Blüte: Blütenstand seitlich, aufrecht, 5–7 cm lang; 4–12 Blüten, 2,5–4,5 cm groß, weißgrundig.
Besonderheiten: Topf- und Blockkultur möglich. Einige Arten sind laubabwerfend, sie treiben im Frühjahr wieder aus.

temp. – warm		*temp.*
HS		*HS*
feucht		*mäßig*
Ja		*Nein*
AB		*A*

Phalaenopsis
Gruppe: *Phalaenopsis*
Blume 1825

Arten: 6–7 Arten.
Beispiele: *Phalaenopsis amabilis, Phalaenopsis philippinense, Phalaenopsis schilleriana, Phalaenopsis stuartiana.*
Verbreitung: Philippinen, Australien und Indonesien. Epiphytisch auf Bäumen, meist an geschützten Stellen, in 0–500 m Höhe.
Wuchsform: Monopodial; Wurzeln zahlreich; Stamm 2–5 cm hoch; Blätter zweizeilig, schmal bis breit, 16–55 cm lang, z. T. buntlaubig.
Blüte: Blütenstand seitlich, aufrecht, 20–150 cm lang, verzweigend; vielblütig, Blüte 4–8 cm groß, weiß- oder rosagrundig, Lippe deutlich dreilappig.
Besonderheiten: Topfkultur empfohlen. Blüteninduktion erfolgt durch kühle Phase bei 14–16 °C.

Phalaenopsis cornu-cervi

Phalaenopsis lowii

Phalaenopsis

Gruppe: *Polychilos*

Blume 1825

Arten: 4–6 Arten.

Beispiele: *Phalaenopsis borneensis, Phalaenopsis cornu-cervi, Phalaenopsis mannii, Phalaenopsis pantherina.*

Verbreitung: Indien bis Vietnam, Südostasien. Epiphytisch auf Bäumen im Regenwald, schattig und sonnig, von 0–1500 m.

Wuchsform: Monopodial; Wurzeln zahlreich, fleischig; Stamm 3–5 cm hoch; Blätter zweizeilig, schmal, hellgrün, 8–25 cm lang.

Blüte: Blütenstand seitlich, aufrecht, 15–50 cm lang; Blüte 3–4 cm groß. Die Blüten entwickeln sich nacheinander, es sind selten mehr als 2–4 Blüten gleichzeitig offen.

Besonderheiten: Grüne Blütenstände nicht abschneiden, blühen wieder, nachdem sie trockener gehalten wurden.

temp. – warm		temp. – warm
HS		HS
mäßig		mäßig
Nein		Ja
A		AB

Phalaenopsis

Gruppe: *Proboscidioides*

Blume 1825

Arten: Nur eine Art.

Beispiele: *Phalaenopsis lowii.*

Verbreitung: Myanmar. Erster Fund um 1880 auf Zweigen wachsend in 2500 m Höhe. Im Jahr 2000 wurde diese Art auf Felsen wachsend an der Meeresküste wiederentdeckt.

Wuchsform: Monopodial; Wurzeln zahlreich, flach; Stamm 0,5–1 cm hoch; Blätter zweizeilig, breit, dunkelgrün, gepunktet, 3–12 cm lang.

Blüte: Blütenstand seitlich, aufrecht, 5–80 cm lang, verzweigend; mehrere Blüten 4–6 cm groß.

Besonderheiten: Blockkultur. Art benötigt morgens und abends viel Feuchtigkeit, sehr wärmeliebend. Die Standortbedingungen der Fundorte sind sehr unterschiedlich, Kulturangaben deswegen widersprüchlich!

Phalaenopsis equestris

Phalaenopsis tetraspis

Phalaenopsis
Gruppe: *Stauroglottis*
BLUME 1825

Arten: 3 Arten.

Beispiele: *Phalaenopsis celebensis, Phalaenopsis equestris, Phalaenopsis lindenii.*

Verbreitung: Philippinen, Sulawesi und Taiwan. Epiphytisch auf Bäumen wachsend, meist an geschützten Stellen, selten terrestrisch, in 0–2000 m Höhe.

Wuchsform: Monopodial; Wurzeln zahlreich; Stamm 2–3 cm hoch; Blätter zweizeilig, schmal bis breit, 8–15 cm lang. *Phal. lindenii* und *celebense* sind buntlaubig.

Blüte: Blütenstand seitlich, aufrecht, 10–30 cm lang, überhängend; vielblütig, Blüte 3–5 cm, weiß- oder rosagrundig.

Besonderheiten: Topf- und Blockkultur möglich. *Phal. equestris* bildet Kindel. *Phal. lindenii* eher kühl, *Phal. celebensis* eher warm kultivieren.

temp. – warm		warm
HS		HS
mäßig		mäßig
Nein		Ja
AB		A

Phalaenopsis
Gruppe: *Zebrinae*
BLUME 1825

Arten: 9–10 Arten.

Beispiele: *Phalaenopsis cebrina, Phalaenopsis corningiana, Phalaenopsis fimbriata, Phalaenopsis sumatrana.*

Verbreitung: Indonesien. Epiphyten an schattigen Stellen im Regenwald, meist vor Regen geschützt auf der Unterseite von Ästen, in 0–800 m Höhe.

Wuchsform: Monopodial; Wurzeln zahlreich, fleischig; Stamm 2–3 cm hoch; Blätter zweizeilig, breit, hellgrün, 12–45 cm lang.

Blüte: Blütenstand seitlich, meist hängend, 5–20 cm lang; wenige bis mehrere Blüten, 4–8 cm groß, zum Teil duftend.

Besonderheiten: Grüne Blütenstände nicht abschneiden, bilden neue Blüten. Alle Arten sind sehr wärmeliebend.

Pholidota imbricata

Phragmipedium besseae

Pholidota

Lindley 1825

Arten: Etwa 30 Arten.

Beispiele: *Pholidota chinensis, Pholidota globosa, Pholidota griffithii, Pholidota imbricata.*

Verbreitung: Indien, Südostasien, Hongkong, bis Papua-Neuguinea, Australien und Philippinen. Epiphytisch oder lithophytisch im immergrünen Berg- oder Nebelwald, in 300–2800 m Höhe.

Wuchsform: Sympodial; Rhizome kurz bis lang; Pseudobulben, 4–6 cm; 1–2 krautige, endständige Blätter, 5–25 cm lang.

Blüte: Blütenstand meist hängend, selten aufrecht, dicht besetzt, bis 25 cm lang; vielblütig, Blüten 1–2 cm groß, häufig duftend.

Besonderheiten: Kultur im Körbchen oder Ampel empfohlen. Bei einigen Arten entwickeln sich auf den alten Pseudobulben neue.

kühl – temp.		*temp. – warm*
HS		*HS – Sonne*
feucht		*mäßig – feucht*
Ja		*Nein*
AC		*A*

Phragmipedium

Rolfe 1896

Arten: Etwa 20 Arten.

Beispiele: *Phragmipedium besseae, Phragmipedium caudatum, Phragmipedium lindenii, Phragmipedium pearcei.*

Verbreitung: Mittel- und Südamerika. Terrestrisch an feuchten, lehmigen Hängen, selten epiphytisch, meist in exponierten Lagen, in 200–1500 m Höhe.

Wuchsform: Sympodial; Wurzeln behaart; Rhizome kurz; Stamm kurz; dicht beblättert, Blätter hellgrün, fast ledrig, 4–12 cm breit, 15–75 cm lang.

Blüte: Blütenstand terminal, aufrecht, 25–80 cm hoch; 1–5 Blüten, 5–15 cm groß, Petalenlänge bis 85 cm.

Besonderheiten: Topfkultur. Temperiert bis sehr wärmeliebend, dabei trockene Luft vermeiden. Einge Arten können im Untersetzer mit Wasser stehen.

Platystele spec.

Plectrelminthus caudatus

Platystele

SCHLECHTER 1910

Arten: Etwa 50 Arten (einige Autoren erkennen nur 10 Arten an).

Beispiele: *Platystele calantha, Platystele consobrina, Platystele densiflora, Platystele reflexa.*

Verbreitung: Von Mexiko bis Bolivien, auch Brasilien. Epiphytisch, in 300–2500 m Höhe im immerfeuchten Nebelwald, auf bemoosten Stämmen.

Wuchsform: Sympodial; Rhizome sehr kurz, büschelig; Stiel kurz, 5–20 mm lang; einblättrig, fleischig, 2–12 cm lang.

Blüte: Blütenstand terminal, sehr kurz, 2–3 cm lang, auf den Blättern liegend, auch aufrecht, bis 45 cm lang; eine bis viele Blüten, 0,1–1 cm groß.

Besonderheiten: Blockkultur vorteilhaft. Ganzjährig gleichmäßig feucht halten. Je nach Art kühl oder temperiert kultivieren.

Platystele		Plectrelminthus
kühl – temp.		temp. – warm
Sch – HS		HS – Sonne
feucht		mäßig
Nein		Nein
AB		AC

Plectrelminthus

RAFINESQUE 1838

Arten: Monotypisch, nur 1 Art.

Beispiele: *Plectrelminthus caudatus.*

Verbreitung: Weitverbreitet im westlichen Afrika. Epiphytisch auf den unteren Ästen großer Bäume in exponierter Lage wachsend.

Wuchsform: Monopodial; Wurzeln wenig, sehr dick und fleischig; Stamm kurz, 0,5–2 cm hoch; dicht beblättert, Blätter 3–4 cm breit, ledrig, 10–20 cm lang.

Blüte: Blütenstand seitlich, bis 60 cm lang, aufrecht bis überhängend, bis 60 cm lang; vielblütig, Blüte auf dem Kopf stehend, bis 6–8 cm groß, 20–25 cm langer Sporn, duftend.

Besonderheiten: Kultur im Körbchen oder Gittertopf empfohlen. Keine Ruhephase. Vorsicht vor Wasser in den Blattachseln.

Plectrophora cultrifolia

Pleione formosana

Plectrophora

FOCKE 1848

Arten: Etwa 9 Arten.

Beispiele: *Plectrophora alata, Plectrophora cultrifolia, Plectrophora edwallii, Plectrophora triquetra.*

Verbreitung: Nördliches Südamerika und Zentralamerika, hauptsächlich in den Anden. Meist epiphytisch in feuchten, lichten Wäldern, zwischen 300–1800 m Höhe.

Wuchsform: Sympodial; Rhizom sehr kurz, büschelig; Pseudobulben sehr klein; von 2–3 fleischigen Blättern umhüllt, 4–10 cm lang.

Blüte: Blütenstand basal entspringend, 4–8 cm lang; einblütig, Blüte 5–6 cm groß, weiß oder gelblich.

Besonderheiten: Blockkultur vorteilhaft; Topfkultur in sehr durchlässigem Substrat möglich. Morgens und abends für hohe Luftfeuchte sorgen.

Plectrophora		Pleione
temp.		*kühl – temp.*
HS		*HS*
feucht		*feucht*
Nein		*Ja*
AB		*AE*

Pleione

D. DON 1825

Arten: Etwa 12–15 Arten.

Beispiele: *Pleione formosana, Pleione forrestii, Pleione hookeriana, Pleione maculata.*

Verbreitung: Nordvietnam, Yunnan, Taiwan und Tibet. Epi- und lithophytisch in regenreichen Gebieten auf moosbewachsenen Bäumen und Felsen, in Höhenlagen von 900–3000 m.

Wuchsform: Sympodial; Rhizom sehr kurz; Pseudobulben klein, 2–4 cm groß; 1–2 gipfelständige Blätter, krautig, 15–25 cm lang.

Blüte: Blütenstand terminal aus dem Neutrieb entspringend, 4–8 cm lang; 1–2 Blüten, 6–12 cm groß, weiß-rosa.

Besonderheiten: Topfkultur empfohlen. Im Frühjahr bei Erscheinen des Neutriebes gießen und düngen; ab Herbst sehr trocken und kühl, aber frostfrei, kultivieren.

Pleurothallis prolifera

Podangis dactyloceras

Pleurothallis

R. Brown 1813

Arten: Weit mehr als 1000 Arten.

Beispiele: *Pleurothallis convallaria, Pleurothallis gargantua, Pleurothallis sonderana, Pleurothallis viduata.*

Verbreitung: In den Tropen Amerikas. Meist epiphytisch in Büschen und Bäumen im Regen- oder Nebelwald in 100–3500 m Höhe.

Wuchsform: Sympodial; Rhizom sehr kurz, büschelig; Blätter gestielt, Stiel 1–15 cm lang, Blatt schmal länglich bis rund, 2–30 cm lang, 0,5–30 cm breit.

Blüte: Blütenstand gipfelbürtig, 2–45 cm lang; eine bis viele Blüten, 0,2–6 cm groß.

Besonderheiten: Bei kleineren Arten Blockkultur empfohlen, ansonsten Topfkultur. Alle Arten mögen hohe Luftfeuchte. Der Anspruch an die Kulturtemperatur ist sehr unterschiedlich.

kühl – temp.		*temp. – warm*
Sch – HS		*HS – Sonne*
feucht		*mäßig*
Nein		*Nein*
AB		*AB*

Podangis

Schlechter 1918

Arten: Monotypisch, nur 1 Art.

Beispiele: *Podangis dactyloceras.*

Verbreitung: An der Westküste Afrikas. Epiphytisch im immergrünen Regenwald, häufig in der Nähe von Wasserfällen oder Flussläufen, in 750–1950 m Höhe.

Wuchsform: Monopodial; Wurzeln fleischig; Stamm sehr kurz, Seitentriebe bildend; dicht zweizeilig, fächerartig beblättert, Blatt fleischig, 4–8 cm lang.

Blüte: Blütenstand seitlich entspringend, kurz, 3–5 cm lang; vielblütig, doldig, Blütengröße 0,7–1,2 cm, Sporn 1,5 cm lang.

Besonderheiten: Block- und Topfkultur möglich. Für hohe Luftfeuchte am Morgen und Abend sorgen. Vorsichtig düngen.

Pollardia linkiana

Polycycnis escobariana

Pollardia

Withner & P. A. Harding 2004

Arten: Etwa 16 Arten.

Beispiele: *Pollardia linkiana, Pollardia livida, Pollardia pringlei, Pollardia tripunctata.*

Verbreitung: Guatemala, Panama, Costa Rica, Mexiko, Peru, Venezuela und Honduras. Epiphytisch auf Bäumen im Regen- oder Nebelwald, in 100–2700 m Höhe.

Wuchsform: Sympodial; Rhizom kurz, 1–3 cm; Pseudobulben eiförmig länglich, 4–8 cm lang; 1–2 Blätter, gipfelständig, schmal länglich, 5–18 cm lang.

Blüte: Blütenstand gipfelständig, 15–45 cm lang; 3–30 Blüten, locker bis dicht besetzt.

Besonderheiten: Block- und Topfkultur möglich. Im Winter deutlich trockener und etwas kühler halten.

Polycycnis

Reichenbach f. 1855

Arten: Etwa 15 Arten.

Beispiele: *Polycycnis annectans, Polycycnis aurita, Polycycnis barbata, Polycycnis trullifera.*

Verbreitung: Weit verbreitet in Mittelamerika. Epiphytisch und lithophytisch auf moosbedecktem Untergrund, an feuchten und schattigen Stellen, in 800–2300 m Höhe

Wuchsform: Sympodial; kurzes Rhizom, büschelig; eiförmige Bulben, bis 7 cm hoch; ein endständiges Blatt, ledrig, bis 40 cm hoch, 12 cm breit.

Blüte: Blütenstand basal entspringend, aufrecht, überhängend bis hängend, bis 50 cm lang; zahlreiche Blüten, 2–4 cm groß.

Besonderheiten: Im Winter trockener, aber nicht kühler kultivieren.

Pollardia		Polycycnis
temp. – warm		temp. – warm
HS – Sonne		Sch – HS
mäßig		feucht
Ja		Ja
AB		AB

Polystachya paniculata

Pomatocalpa wendlandorum

Polystachya

HOOKER 1824

Arten: Über 150 Arten.

Beispiele: *Polystachya bifida, Polystachya concreta, Polystachya paniculata, Polystachya zambesiaca.*

Verbreitung: Afrika, Madagaskar, Asien und in den Tropen Amerikas. Epi- und lithophytisch, häufig in feucht-warmen Gebieten, in 1000–2500 m Höhe.

Wuchsform: Rhizom kurz, büschelig; Stämme einfach oder pseudobulbenartig, 5–22 cm hoch; ein- bis vielblättrig, Blätter 5–30 cm lang, gestielt lanzettlich.

Blüte: Blütenstand terminal, aufrecht, 4–25 cm hoch; ein- bis vielblütig, kurz oder lang gestielt (nur bei Einzelblüten), 0,3–2 cm groß, aufrecht.

Besonderheiten: Topfkultur möglich. Kleine Arten besser aufgebunden kultivieren.

Polystachya		Pomatocalpa
temp. – warm		*temp. – warm*
HS		*Sonne*
mäßig – feucht		*mäßig*
Ja		*Nein*
AB		*AB*

Pomatocalpa

BREDA, KUHL & HASSELT 1829

Arten: Etwa 40 Arten.

Beispiele: *Pomatocalpa kunstleri, Pomatocalpa latifolium, Pomatocalpa spicata, Pomatocalpa wendlandorum.*

Verbreitung: Südostasien, Indonesien, Neuguinea, Australien bis Philippinen. Epi- oder lithophytisch im immergrünen Regenwald, in 0–1100 m Höhe.

Wuchsform: Monopodial; wenige, fleischige Wurzeln; kurze, dicht beblätterte Stämme; Blattspanne 15–40 cm, Blätter graugrün, sehr hart bis ledrig.

Blüte: Blütenstand seitlich, waagerecht bis hängend, 15–120 cm, verzweigend; mit zahlreichen kleinen Blüten traubig besetzt, Blüten 0,3–0,8 cm klein.

Besonderheiten: Topfkultur empfohlen. Hoher Lichtbedarf. Für gleichmäßig hohe Luftfeuchte sorgen.

Porroglossum nutibara

Promenaea xanthina

Porroglossum

SCHLECHTER 1920

Arten: Etwa 27 Arten.

Beispiele: *Porroglossum andreettae, Porroglossum dalstroemii, Porroglossum hirtzii, Porroglossum nutibara.*

Verbreitung: In den Anden Kolumbiens, Ecuadors, Boliviens, Perus und Venezuelas, auf bemoosten Baumstämmen und Ästen, im Nebelwald von 1300–3200 m Höhe, auch terrestrisch im Lehm.

Wuchsform: Sympodial; Rhizome sehr kurz, büschelig; sehr kurzer Stamm; einblättrig, Blätter 5–8 cm lang, schmal, fleischig, 3–8 cm lang.

Blüte: Blütenstand basal, aufrecht, 10–15 cm lang; mehrblütig, hintereinander aufblühend, Blüte 1–3 cm groß.

Besonderheiten: Topfkultur vorteilhaft, Blockkultur möglich. Gleichmäßig feucht kultivieren.

Porroglossum		Promenaea
temp.		*temp.*
HS		*Sch – HS*
feucht		*feucht*
Nein		*Ja*
AB		*AB*

Promenaea

LINDLEY 1843

Arten: Etwa 14 Arten.

Beispiele: *Promenaea guttata, Promenaea lentiginosa, Promenaea stapelioides, Promenaea xanthina.*

Verbreitung: Im südlichen Brasilien. Epiphytisch an feucht-warmen Orten, seltener lithophytisch auf bemoosten Steinen, in 1500–2200 m Höhe.

Wuchsform: Sympodial; Rhizome sehr kurz, büschelig; Pseudobulben klein, 2–4 cm groß; zweiblättrig, Blätter 5–12 cm lang, krautig, 6–12 cm lang.

Blüte: Blütenstand basal, waagerecht bis hängend, 5–10 cm lang; 1–3 Blüten, 3–6 cm groß.

Besonderheiten: Topfkultur vorteilhaft, Blockkultur möglich. Neutriebe sollten sehr schnell abtrocknen. Sparsam düngen!

Prosthechea vitellina

Psychilis bifida

Prosthechea

KNOWLES & WESTCOTT 1838

Arten: Etwa 15 Arten.

Beispiele: *Prosthechea bicamerata, Prosthechea elisae, Prosthechea glauca, Prosthechea vitellina.*

Verbreitung: In der Karibik in 0–1500 m Höhe, in trockenen, luftfeuchten Gegenden; in Mexiko, Mittelamerika und Brasilien in 1900–3500 m Höhe im Nebel- oder Regenwald. Epiphyten.

Wuchsform: Sympodial; Rhizom kurz, 1–2 cm; Pseudobulben spindelförmig, 3–8 cm hoch; endständig mit 2 Blättern besetzt, Blätter fleischig, ledrig, 10–35 cm lang.

Blüte: Blütenstände endständig, aufrecht, 10–40 cm hoch; locker vielblütig im oberen Drittel, Blüte 2–5 cm groß.

Besonderheiten: Diese Arten werden außerhalb der Wachstumsphase trocken gehalten.

Prosthechea		Psychilis
temp. – warm		*temp. – warm*
Sonne		*Sonne*
mäßig		*mäßig*
Ja		*Ja*
AB		*AB*

Psychilis

RAFINESQUE 1838

Arten: Etwa 15 Arten.

Beispiele: *Psychilis bifida, Psychilis krugii, Psychilis truncata, Psychilis vernicosa.*

Verbreitung: Westindische Inseln, Dominikanische Republik, Puerto Rico, Hispaniola und Kuba. Epiphytisch von Meereshöhe bis 1100 m.

Wuchsform: Sympodial; Rhizom kurz, 1–2 cm; Pseudobulben spindelförmig, 3–8 cm hoch; endständig mit 2 schmalen, fleischigen Blättern besetzt, Blätter 12–45 cm lang.

Blüte: Blütenstände endständig, aufrecht, 20–50 cm hoch; locker vielblütig, 10–30 Blüten, blühen hintereinander auf, 2–5 cm groß.

Besonderheiten: Diese Arten werden nur in der Wachstumsphase gegossen. In der Ruhephase nur besprühen. Blockkultur möglich.

Psychopsiella limminghei

Psychopsis krameriana

Psychopsiella

LUECKEL & BRAEM 1982

Arten: Monotypisch, nur 1 Art.
Beispiele: *Psychopsiella limminghei.*
Verbreitung: Brasilien und Venezuela. Epiphytisch auf Bäumen, meist in Gebieten mit hoher Luftfeuchte und geringen Niederschlägen wachsend, in 200–500 m Höhe.
Wuchsform: Sympodial; Rhizom kriechend, 1–2 cm lang; Pseudobulben abgeflacht, auf dem Boden kriechend, 2–3 cm groß; endständig mit einem schmalen, fleischigen Blatt, 3–4 cm groß.
Blüte: Blütenstände terminal, aufrecht, 10–20 cm hoch; Einzelblüte, 2–5 cm groß.
Besonderheiten: Blockkultur, am besten auf Hartholz oder Kork aufbinden. Regelmäßiges Besprühen morgens und abends, Pflanzen sollten schnell abtrocknen.

Psychopsiella		Psychopsis
temp. – warm	(Temperatur)	temp. – warm
Sonne	(Licht)	Sonne
mäßig	(Gießen)	mäßig
Nein	(Ruhezeit)	Nein
AB	(Topf)	AB

Psychopsis

RAFINESQUE 1838

Arten: Etwa 5 Arten.
Beispiele: *Psychopsis krameriana, Psychopsis papilio, Psychopsis sanderae, Psychopsis versteegiana.*
Verbreitung: Peru, Surinam, Ecuador, Bolivien, auch Brasilien. Epiphytisch auf Bäumen, in 200–1200 m Höhe.
Wuchsform: Sympodial; Rhizom kriechend, 1–2 cm lang; Pseudobulben abgeflacht, 4–8 cm groß; endständig mit einem ledrigen Blatt, bis 25 cm lang, gefleckt.
Blüte: Blütenstände terminal, aufrecht, 40–120 cm hoch; Einzelblüte, blüht mehrmals hintereinander, 8–15 cm groß.
Besonderheiten: Blockkultur empfohlen, am besten auf Hartholz oder Kork. Topfkultur möglich. Neutriebe sind sehr empfindlich gegen Feuchtigkeit, für schnelles Abtrocknen sorgen.

Psygmorchis glossomystax

Pteroceras semiteretifolium

Psygmorchis

Dodson & Dressler 1972

Arten: Etwa 5 Arten.

Beispiele: *Psygmorchis glossomystax, Psygmorchis pumilio, Psygmorchis pusilla, Psygmorchis zamorensis.*

Verbreitung: In den Tropen Mittel- und Südamerikas. Epiphytisch auf Zweigen, meist Guave oder Kaffeesträucher, in 230–1400 m Höhe.

Wuchsform: Sympodial; Wurzeln fein, büschelig; ohne Pseudobulben; Blätter fächerartig angeordnet, 3–7 cm lang.

Blüte: Blütenstände blattachselbürtig, waagerecht bis hängend, kurz, 3–4 cm lang; 1–3 gelbe Blüten ähneln denen der Gattung *Oncidium*.

Besonderheiten: Blockkultur bei gleichmäßiger Luftfeuchte empfohlen. Am Naturstandort bildet sich morgens und abends viel Tau.

temp.		temp. – warm
HS – Sonne		Sonne
feucht		mäßig
Nein		Nein
B		AB

Pteroceras

Hasselt & Hasskuhlt 1842

Arten: Etwa 20–40 Arten.

Beispiele: *Pteroceras compressum, Pteroceras pallidum, Pteroceras semiteretifolium, Pteroceras simondianum.*

Verbreitung: Südostasien, Indonesien bis Philippinen. Epiphytisch auf Bäumen im Tropenwald wachsend, von Meereshöhe bis 1500 m Höhe.

Wuchsform: Monopodial; einen kurzen, beblätterten Stamm bildend, 2–10 cm hoch; Blätter schmal, fleischig bis sukkulent, Blattspanne 4–12 cm.

Blüte: Blütenstände seitlich entspringend, waagerecht bis hängend, 2–25 cm lang; 2–20 Blüten, hintereinander oder gleichzeitig öffnend, 1–4 cm groß, meist kurze Blütezeit.

Besonderheiten: Blockkultur empfohlen, Topfkultur möglich.

Pterostylis curta

Renanthera monachica

Pterostylis

R. Brown 1810

Arten: Etwa 150 Arten.

Beispiele: *Pterostylis curta, Pterostylis erecta, Pterostylis nana, Pterostylis nutans.*

Verbreitung: Australien, Neuseeland, Neukaledonien und Neuguinea. Terrestrisch auf grasbewachsenen Hängen, in Regenwäldern oder an Wasserläufen.

Wuchsform: Sympodial; unterirdische, ellipsenförmige bis ovale Knollen, 1–2 cm groß; Blätter in einer grundständigen Rosette oder am Stamm entlang stehend.

Blüte: Blütenstand terminal, 15–45 cm hoch, aufrecht; 1–4 Blüten, 1–5 cm groß.

Besonderheiten: Topfkultur. Im Winter bei 5–10 °C kultivieren. Substratmischung für terrestrische Orchideen verwenden. Staunässe vermeiden.

kühl – temp.		warm
HS		HS – Sonne
feucht		mäßig
Ja		Nein
AE		AC

Renanthera

Loureiro 1790

Arten: Etwa 15 Arten.

Beispiele: *Renanthera coccinea, Renanthera monachica, Renanthera imschootiana, Renanthera philippinensis.*

Verbreitung: In Südostasien bis zu den Philippinen. Lithophytisch, terrestrisch in Sand oder epiphytisch wachsend, halbschattig bis exponiert, in 50–1500 m Höhe.

Wuchsform: Monopodial; Wurzeln wenig, fleischig; Stamm 30–300 cm lang; dicht zweizeilig beblättert, Blätter schmal, ledrig bis sukkulent, 8–15 cm lang,

Blüte: Ein bis mehrere aufrechte oder überhängende, verzweigende Blütenrispen; zahlreiche, 3–7 cm große Blüten, meist orangerot leuchtend.

Besonderheiten: Kultur im Körbchen oder Topf möglich. Kletterhilfe erforderlich.

Restrepia antennifera var. *gigantea*

Restrepiopsis inaequalis

Restrepia

KUNTH 1815

Arten: Über 40 Arten.

Beispiele: *Restrepia antennifera, Restrepia elegans, Restrepia filamentosa, Restrepia striata.*

Verbreitung: Venezuela, Kolumbien, Peru, Bolivien und Ecuador. Epiphytisch auf moosbewachsenen Ästen im Nebelwald, in 1500–3900 m Höhe.

Wuchsform: Sympodial; Wurzeln fein; Rhizom sehr kurz, büschelig; Blätter gestielt, Stiel 3–5 cm lang; Blatt schmal bis breit, 4–8 cm lang.

Blüte: Blütenstand blattachselbürtig, 4–6 cm hoch; Einzelblüte, 2–7 cm groß. Meist orangebräunlich bis braunviolett gefärbt.

Besonderheiten: Kleinere Arten sind für Blockkultur geeignet. Einige Arten lassen sich über Blattstecklinge vermehren. Auf gute Wasserqualität achten.

kühl – temp.	kühl – temp.
HS	HS
feucht	feucht
Nein	Nein
AB	AB

Restrepiopsis

LUER 1978

Arten: Etwa 18 Arten.

Beispiele: *Restrepiopsis inaequalis, Restrepiopsis norae, Restrepiopsis powersii, Restrepiopsis striata.*

Verbreitung: Venezuela, Kolumbien, Peru, Bolivien und Ecuador. Epiphytisch auf moosbewachsenen Ästen im Nebelwald, in 1500–2800 m Höhe.

Wuchsform: Sympodial; Wurzeln fein; Rhizom sehr kurz, büschelig; Stämme 2–3 cm hoch; 1 endständiges Blatt, schmal bis breit, 4–6 cm lang.

Blüte: Blütenstand blattachselbürtig, 2–4 cm hoch; zum Teil mehrblütig, blühen hintereinander, Blütengröße 0,3–1 cm. Blüten oft auf der Blattunterseite.

Besonderheiten: Block- oder Topfkultur möglich. Wie bei *Restrepia* auf gute Wasserqualität achten.

Rhyncholaelia digbyana

Rhynchostele rossii

Rhyncholaelia

Schlechter 1918

Arten: 2 Arten.

Beispiele: *Rhyncholaelia digbyana, Rhyncholaelia glauca.*

Verbreitung: Costa Rica, Belize, Guatemala, Honduras und Mexiko. Epiphyten meist exponierter Lagen, in bis zu 1500 m Höhe.

Wuchsform: Sympodial; Wurzeln fleischig; Pseudobulben aufrecht, 10–15 cm hoch; einblättrig, Blatt sukkulent, fleischig, schmal, 12–20 cm lang.

Blüte: Blütenstand blattachselbürtig, 4–9 cm lang, aufrecht; 1–3 weiße Blüten, feste Textur, 10–16 cm groß, duftend.

Besonderheiten: Topfkultur empfohlen. Arten reagieren sehr empfindlich auf Staunässe und benötigen viel Licht zur Blüteninduktion. Blütenstand anstäben, kann durch Gewicht der Blüte brechen.

temp. – warm		kühl – temp.
Sonne		Sch – HS
gering		feucht
Ja		Ja
AB		A

Rhynchostele

Reichenbach f. 1852

Arten: Etwa 15 Arten.

Beispiele: *Rhynchostele bictoniense, Rhynchostele cordata, Rhynchostele rossii, Rhynchostele uroskinneri.*

Verbreitung: Hauptsächlich in Mexiko, aber auch Mittelamerika. Epiphytisch auf Bäumen im Nebelwald, selten lithophytisch, in 1750–3000 m Höhe.

Wuchsform: Sympodial; Pseudobulben oval, flach, beblättert, 3–7cm hoch; 1–2 endständige Blätter, Blatt krautig, schmal, 10–30 cm lang.

Blüte: Blütenstände blattachselbürtig, aufrecht bis überhängend, traubig besetzt, 10–90 cm lang; 3–20 Blüten, 4–6 cm groß.

Besonderheiten: Tagsüber bei etwa 22 °C kultivieren, nachts bei etwa 12 °C. Am Naturstandort bildet sich morgens und abends viel Tau.

Rhynchostylis coelestis

Rhynchostylis

Blume 1825

Arten: Etwa 4–6 Arten.

Beispiele: *Rhynchostylis coelestis, Rhynchostylis gigantea, Rhynchostylis praemorsa, Rhynchostylis retusa.*

Verbreitung: Vietnam, Malaysia, Indonesien und Philippinen. Epiphytisch in lichten Savannenwäldern, in 0–700 m Höhe.

Wuchsform: Monopodial; Wurzeln dick, fleischig; dicht beblätterter Stamm, 3–30 cm hoch; Blätter zweizeilig, sukkulent bis fleischig, zahlreich, 15–30 cm lang.

Blüte: Blütenstände seitlich, aufrecht oder hängend, traubig, dicht besetzt; Blüten 1–3 cm groß, starke Textur.

Besonderheiten: Kultur im Körbchen empfohlen. Morgens und abends regelmäßig Blattunterseiten besprühen. Zahlreiche Farbvarietäten.

warm		temp. – warm
Sonne		HS
gering		mäßig
Nein		Nein
C		ABD

Rhytionanthos mirum

Rhytionanthos

Garay, Hamer & Siegerist 1994

Arten: Über 10 Arten.

Beispiele: *Rhytionanthos bootanense, Rhytionanthos cornutum, Rhytionanthos mirum, Rhytionanthos plumatum.*

Verbreitung: Vietnam, Himalaja, Laos, Sumatra, Java, Malaysia und Philippinen. Epiphytisch kletternd im tropischen Regenwald, in 1000-1500 m Höhe.

Wuchsform: Sympodial; Wurzeln fein; deutliche, kriechende Rhizome, 1–3 cm lang; Pseudobulben eirund, 2–4 cm groß; 1 endständiges, fleischiges Blatt, 5–15 cm lang.

Blüte: Blütenstand aufrecht oder waagerecht, 3–25 cm lang; 1–4 Blüten, 2–10 cm groß.

Besonderheiten: Kultur in flachen Schalen oder Blockkultur empfohlen.

Robiquetia cerina

Rodriguezia venusta

Robiquetia

BLUME 1829

Arten: Etwa 40 Arten.

Beispiele: *Robiquetia cerina, Robiquetia merrillii, Robiquetia mooreana, Robiquetia spathulata.*

Verbreitung: Südostasien, Salomonen, Borneo bis Nordaustralien und Philippinen. Epiphytisch häufig exponiert in Flussnähe, in 200–1500 m Höhe.

Wuchsform: Monopodial; Wurzeln fleischig; dicht oder locker beblätterter Stamm, 20–150 cm hoch; Blätter zweizeilig, fleischig, zahlreich, 8–25 cm lang.

Blüte: Blütenstände seitlich, hängend, traubig, 14–40 cm lang, sehr dicht bis locker besetzt; wenige bis viele Blüten, 0,3–2 cm groß.

Besonderheiten: Kultur im Körbchen oder Topf möglich. Kletterhilfe bei größeren Pflanzen nötig.

Robiquetia		Rodriguezia
warm		temp.
Sonne		HS
mäßig		mäßig
Nein		Nein
AC		AB

Rodriguezia

RUIZ & PAVON 1894

Arten: Etwa 35 Arten.

Beispiele: *Rodriguezia candida, Rodriguezia batemanii, Rodriguezia secunda, Rodriguezia venusta.*

Verbreitung: In den amerikanischen Tropen mit dem Schwerpunkt Brasilien. Epiphytisch, häufig auf Guave und Kaffeebäumen wachsend, in 300–1800 m Höhe.

Wuchsform: Sympodial; Wurzeln fein, zahlreich, kriechend; Rhizome 2–3 cm lang, kriechend; Pseudobulben abgeflacht, 2–5 cm hoch, beblättert; 1–2 endständige, ledrige Blätter.

Blüte: Blütenstände blattachselbürtig, 10–35 cm lang, aufrecht bis überhängend, locker besetzt; 3–25 Blüten, 2–4 cm groß.

Besonderheiten: Blockkultur ist empfehlenswert, Kultur im Topf ist schwierig. Pflanzen müssen schnell abtrocknen.

Rodrigueziella gomezoides

Rossioglossum grande

Rodrigueziella

O. KUNTZE 1891

Arten: Etwa 6 Arten.

Beispiele: *Rodrigueziella gomezoides, Rodrigueziella handroi, Rodrigueziella verboonenii.*

Verbreitung: In den Küstengebirgen Brasiliens. Epiphytisch auf Büschen in feuchten Regenwaldgebieten wachsend, in 500–600 m Höhe.

Wuchsform: Sympodial; Wurzeln fein, zahlreich, kriechend; Rhizome 1–2 cm lang, büschelig bis kriechend; Pseudobulben abgeflacht, 2–4 cm hoch; 1–2 endständige Blätter.

Blüte: Blütenstände blattachselbürtig, 10–15 cm lang, überhängend, locker besetzt; 10–15 meist nicht resupinierende Blüten, 1–3 cm groß.

Besonderheiten: Blockkultur empfohlen, Kultur im Topf schwierig. Pflanzen müssen nach dem Gießen oder Sprühen schnell abtrocknen.

Rodrigueziella		Rossioglossum
temp. – warm		kühl – temp.
HS		Sch – HS
feucht		feucht
Nein		Ja
AB		A

Rossioglossum

(SCHLECHTER) GARAY & KENNEDY 1976

Arten: Etwa 6 Arten.

Beispiele: *Rossioglossum grande, Rossioglossum insleayi, Rossioglossum splendens, Rossioglossum williamsianum.*

Verbreitung: In Mittelamerika von Mexiko bis Panama. Epiphytisch im Regenwald an schattigen, feuchten Stellen, in 1400–2700 m Höhe.

Wuchsform: Sympodial; Wurzeln fleischig; Rhizom kurz, büschelig; Pseudobulben eiförmig rund, 4–12 cm hoch; 2 endständige Blätter, Blatt ledrig, breit, 20–30 cm lang.

Blüte: Blütenstände vielblütig, aufrecht bis überhängend, traubig besetzt, 25–60 cm lang; 3–10 Blüten, Blüte meist sternförmig, 8–15 cm groß.

Besonderheiten: Wurzeln sind sehr empfindlich, vorsichtig umpflanzen.

Rudolfiella floribunda

Sarcochilus fitzgeraldii

Rudolfiella

HOEHNE 1944

Arten: Etwa 5 Arten.

Beispiele: *Rudolfiella aurantiaca, Rudolfiella floribunda, Rudolfiella picta, Rudolfiella saxicola.*

Verbreitung: Tropisches Mittelamerika und nördliches Südamerika bis Peru und Brasilien. Epi- oder lithiphytisch im feuchten Regenwald, in 200–800 m Höhe.

Wuchsform: Sympodial; Rhizom kurz; Pseudobulben stark fleischig und fest, 3–6 cm groß; endständig einblättrig, Blätter gestielt, ledrig, 10–40 cm hoch.

Blüte: Blütenstand basal entspringend, aufrecht überhängend, 15–35 cm hoch; endständige 3–15 Blüten, 3–4 cm groß.

Besonderheiten: Topfkultur empfohlen, Blockkultur möglich.

Sarcochilus

R. BROWN 1810

Arten: Etwa 12 Arten.

Beispiele: *Sarcochilus ceciliae, Sarcochilus falcatus, Sarcochilus fitzgeraldii, Sarcochilus hartmannii.*

Verbreitung: Nordost-Australien. Epi- oder lithophytisch, an einem hellen Standort, meist in der Nähe von Wasserläufen, in 0–1000 m Höhe.

Wuchsform: Monopodial; Wurzeln fleischig; kurzer Stamm, gelegentlich verzweigend, 1–7 cm hoch; Blätter zweizeilig, schmal, fleischig bis sukkulent, 4–12 cm lang.

Blüte: Blütenstand blattachselbürtig, aufrecht bis überhängend, 2–15 cm hoch; 4–10 Blüten, 1–3 cm groß.

Besonderheiten: Kultur im Topf wie bei *Phalaenopsis*. Kleinere Arten bevorzugen Blockkultur.

temp. – warm		warm
HS – Sonne		Sonne
mäßig		mäßig
Ja		Nein
AB		AB

Sauroglossum elatum

Scaphosepalum swertiifolium

Sauroglossum

LINDLEY 1833

Arten: Etwa 9 Arten.

Beispiele: *Sauroglossum dromadum, Sauroglossum elatum, Sauroglossum nigricans, Sauroglossum nitidum.*

Verbreitung: Weit verbreitet in Süd- und Mittelamerika und auf den Westindischen Inseln. Terrestrisch an schattigen Stellen unter Büschen, in 1000–3000 m Höhe.

Wuchsform: Sympodial; Wurzeln knollenartig, unterirdisch; Stamm kurz; Blätter rosettenförmig angeordnet, aufrecht, Blätter 15–25 cm lang, 4–6 cm breit.

Blüte: Blütenstand terminal, aufrecht, 50–95 cm hoch, traubig, locker besetzt; sehr viele Blüten, 0,8–2 cm groß, nicht resupinierend.

Besonderheiten: Gleichmäßig feucht halten. Sandiges Gemisch als Kultursubstrat verwenden.

kühl – temp.		kühl – temp.
Sch		HS
feucht		mäßig – feucht
Ja		Nein
E		AB

Scaphosepalum

PFITZER 1888

Arten: Über 20 Arten.

Beispiele: *Scaphosepalum anchoriferum, Scaphosepalum swertiifolium, Scaphosepalum triceratops, Scaphosepalum verrucosum.*

Verbreitung: Tropisches Amerika, von Mexiko bis Bolivien. Epi-, lithophytisch und terrestrisch wachsend, in 1500–3500 m Höhe.

Wuchsform: Sympodial; Rhizome sehr kurz, büschelig; Stiel sehr kurz, 0,2–2 cm lang; einblättrig, fleischig bis ledrig, 3–8 cm lang.

Blüte: Blütenstand terminal, meist aufrecht bis überhängend, 7–25 cm lang; Einzelblüten, blühen nacheinander, Blüte 1–5 cm groß.

Besonderheiten: Blockkultur vorteilhaft, Topfkultur möglich. Ganzjährig gleichmäßig feucht halten. Es gibt kühl und temperiert zu kultivierende Arten.

Schoenorchis pachyacris

Schomburgkia lyonsii

Schoenorchis

BLUME 1825

Arten: Über 25 Arten.

Beispiele: *Schoenorchis fragrans, Schoenorchis gemmata, Schoenorchis juncifolia, Schoenorchis pachyacris.*

Verbreitung: Myanmar bis Neuguinea. Zumeist epiphytisch auf bemoosten Nadelbäumen im Regen- oder Nebelwald wachsend, in 450–2500 m Höhe.

Wuchsform: Monopodial; Wurzeln spärlich; Stamm 0,5–60 cm hoch, gelegentlich an der Basis verzweigend; dicht bis locker beblättert, Blätter fleischig bis sukkulent, 1,5–10 cm lang.

Blüte: Blütenstand seitlich entspringend, 1,5–25 cm lang, auch verzweigend; wenige bis zahlreiche Blüten, klein und fleischig.

Besonderheiten: Je nach Größe aufgebunden oder im Körbchen zu kultivieren.

Schoenorchis		Schomburgkia
temp. – warm		temp. – warm
HS – Sonne		Sonne
mäßig		mäßig
Nein		Ja
ABC		A

Schomburgkia

LINDLEY 1838

Arten: Etwa 12 Arten.

Beispiele: *Schomburgkia crispa, Schomburgkia splendida, Schomburgkia superbiens, Schomburgkia undulata.*

Verbreitung: Mittelamerika und Westindische Inseln, bis Nordbrasilien. Epiphytisch in Höhenlagen von 200–2000 m, exponiert auf Bäumen.

Wuchsform: Sympodial; Wurzeln fleischig; Rhizom kriechend; Pseudobulben spindelförmig, büschelig, 20–40 cm hoch; endständig zweiblättrig, Blätter 20–50 cm lang, ledrig-sukkulent.

Blüte: Blütenstände endständig der Pseudobulbe entspringend, Infloreszenz bis 250 cm lang, aufrecht bis überhängend; bis zu 60 Blüten, 5–12 cm groß.

Besonderheiten: Topfkultur. Nach Triebabschluss Pflanzen lange trocken halten.

Scuticaria kautskyi

Sedirea japonica

Scuticaria

LINDLEY 1843

Arten: Etwa 5 Arten.

Beispiele: *Scuticaria hadwenii, Scuticaria irwiniana, Scuticaria salesiana, Scuticaria steelei.*

Verbreitung: Brasilien, Guayana und Venezuela. Epi- und lithophytisch, z. T. in trockenen Gegenden mit starker Taubildung, in 600–2000 m Höhe.

Wuchsform: Sympodial; Wurzeln fleischig; Rhizom kriechend; Stamm sehr kurz; einblättrig, Blatt endständig, stielrund-sukkulent, 5–145 cm lang, längsrinnig, aufrecht oder hängend.

Blüte: Blütenstände endständig der Pseudobulbe entspringend, aufrecht oder hängend, 5–15 cm lang; eine oder zwei Blüten (selten), 5–9 cm groß.

Besonderheiten: Kultur im Gittertopf oder Körbchen empfohlen, Blockkultur möglich.

temp.		*temp. – warm*
HS		*HS – Sonne*
gering		*mäßig*
Nein		*Nein*
ABC		*AB*

Sedirea

GARAY & H.R. SWEET 1974

Arten: Monotypisch, wahrscheinlich nur 1 Art.

Beispiele: *Sedirea japonica.*

Verbreitung: China, Korea, Japan, Riukiu-Inseln. Epiphytisch auf Laubbäumen an hellen Plätzen, in Meereshöhe bis 1500 m.

Wuchsform: Monopodial; Wurzeln fleischig; Stämme sehr kurz, dicht beblättert; Blätter breit, hart, 6–12 cm lang.

Blüte: Blütenstand bis 12 cm lang, hängend, dicht besetzt; 3–10 Blüten, 2–3 cm groß, grünlich bis cremeweiß mit roten Streifen, duftend.

Besonderheiten: Topf- oder Blockkultur. Hell und warm kultivieren. Es gibt zahlreiche Varietäten, die insbesondere in Japan gesammelt werden.

Seidenfadenia mitrata

Sievekingia herrenhusana

Seidenfadenia

Garay 1972

Arten: Monotypisch, nur 1 Art

Beispiele: *Seidenfadenia mitrata.*

Verbreitung: Myanmar und Thailand. Epiphyten hoher Bäume in tropischen, luftfeuchten Gebieten, in 100–800 m Höhe.

Wuchsform: Monopodial; Stamm dicht beblättert, 3–10 cm hoch, aufrecht oder hängend; Blätter schmal, fleischig, stielrund, 15–30 cm lang, z. T. hängend wachsend.

Blüte: Blütenstände seitlich, aufrecht bis überhängend, 10–20 cm lang; dicht besetzt mit 8–25 Blüten, 1,5–3 cm groß, duftend.

Besonderheiten: Blockkultur empfohlen, Kultur im Gitterkorb möglich. Art benötigt viel Licht, Wärme und hohe Luftfeuchte.

temp. – warm		temp.
Sonne		HS
mäßig		feucht
Nein		Nein
BC		C

Sievekingia

Reichenbach f. 1871

Arten: Etwa 14 Arten.

Beispiele: *Sievekingia fimbriata, Sievekingia hirtzii, Sievekingia peruviana, Sievekingia reichenbachiana.*

Verbreitung: In den amerikanischen Tropen, Costa Rica, Panama, Kolumbien. Epiphytisch in 800–1200 m Höhe, regenreiche Gebiete bevorzugt.

Wuchsform: Sympodial; Pseudobulben büschelig angeordnet, kantig, 2–3,5 cm hoch; 1–2 endständige Blätter, Blätter fest, gestielt, 15–25 cm lang, krautig bis ledrig.

Blüte: Mehrere Blütenstände am Grunde der Pseudobulben entspringend, traubig, hängend, locker vielblütig, 5–12 cm lang; 4–12 Blüten, 4–7 cm groß.

Besonderheiten: Nur die Kultur im Körbchen ist möglich.

Sigmatostalix eliae

Smitiandia micrantha

Sigmatostalix
REICHENBACH f. 1852

Arten: Über 30 Arten.

Beispiele: *Sigmatostalix amazonica, Sigmatostalix buchtienii, Sigmatostalix eliae, Sigmatostalix graminea.*

Verbreitung: In den amerikanischen Tropen, von Mexiko bis Brasilien. Epiphytisch in 250–1600 m Höhe wachsend. Starke Taubildung am Naturstandort.

Wuchsform: Sympodial; Rhizom 1–3 cm lang, verzweigend; Pseudobulben flach, 1,5–3 cm hoch; 1–2 endständige Blätter, Blatt krautig, schmal, 8–15 cm lang.

Blüte: Blütenstände basal entspringend, aufrecht, locker besetzt, 6–18 cm lang; Blüten 1,5–2,5 cm groß.

Besonderheiten: Blockkultur empfohlen. Während des Wachstums für hohe Luftfeuchtigkeit und Beschattung sorgen. Nach der Blüte trockener halten.

Sigmatostalix		Smitinandia
temp.		*temp. – warm*
HS		*Sonne*
mäßig		*mäßig*
Nein		*Nein*
AB		*AB*

Smitinandia
HOLTTUM 1969

Arten: Etwa 4 Arten.

Beispiele: *Smitinandia helferi, Smitinandia humilis, Smitiandia micrantha, Smitinandia selebensis.*

Verbreitung: Himalaja bis Sulawesii. Epiphytisch in tropischen Gebieten, meistens in lichten, luftfeuchten Wäldern, in 200–1300 m Höhe.

Wuchsform: Monopodial; Stamm dicht beblättert, an der Basis im Alter verzweigend, 5–20 cm hoch; Blätter zweizeilig, Blatt schmal, fleischig, stielrund, 5–10 cm lang, z. T. hängend wachsend.

Blüte: Blütenstände seitlich, überhängend, 5–25 cm lang, 10 oder mehr Blüten, 0,3–0,8 cm groß, fleischig, blühen hintereinander auf.

Besonderheiten: Blockkultur empfohlen. Gattung liebt hohe Luftfeuchte.

Sobennikoffia robusta

Sobralia mirabilis

Sobennikoffia

Schlechter 1925

Arten: Wahrscheinlich 4 Arten.

Beispiele: *Sobennikoffia fournieriana, Sobennikoffia humbertiana, Sobennikoffia poissoniana, Sobennikoffia robusta.*

Verbreitung: Im Nordwesten Madagaskars. Epiphytisch, selten terrestrisch, in trockenen, sandigen Wäldern, in 1000–1600 m Höhe.

Wuchsform: Monopodial; Wurzeln fleischig; Stamm aufrecht, dicht beblättert, 10–35 cm hoch; Blätter ledrig, 15–25 cm lang.

Blüte: Blütenstand seitlich entspringend, überhängend, 15–45 cm lang; 10–20 Blüten, 4–6 cm groß, mit langem Sporn, 4–12 cm lang.

Besonderheiten: Kultur im Körbchen vorteilhaft, Block- und Topfkultur möglich. Am Naturstandort Taubildung. Duft in der Nacht.

Sobennikoffia		Sobralia
temp. - warm		kühl - warm
HS - Sonne		HS
mäßig		feucht
Nein		Ja
ABC		A

Sobralia

Ruiz & Pavon 1794

Arten: Etwa über 90 Arten.

Beispiele: *Sobralia candida, Sobralia decora, Sobralia macrantha, Sobralia mirabilis.*

Verbreitung: Tropisches Mittel- und Südamerika. Meist terrestrisch in feuchten Nebelwäldern, selten epiphytisch, auch lithophytisch, in 0–200 m Höhe.

Wuchsform: Sympodial; Rhizom kurz; Stämme rohrartig, 30–200 cm hoch; zweizeilig, locker beblättert, Blätter krautig, lanzettlich, bis 5–15 cm lang.

Blüte: Blütenstände gipfelbürtig, 5–25cm lang; locker besetzt, Blüte 8–14 cm groß.

Besonderheiten: Topfkultur empfohlen, benötigt viel Platz. Einzelne Blüten blühen sehr kurz, aber dafür mehrere Tage hintereinander.

Sophronitis coccinea

Spathoglottis plicata

Sophronitis

LINDLEY 1828

Arten: Etwa 10 Arten.

Beispiele: *Sophronitis brevipedunculata, Sophronitis cernua, Sophronitis coccinea, Sophronitis wittigiana.*

Verbreitung: Brasilien und östliches Paraguay. Epi- und lithophytisch, selten terrestrisch im Nebel- und Tropenwald bei konstanter Luftfeuchte, in 600–2500 m Höhe.

Wuchsform: Sympodial; Rhizome kurz, kriechend; Pseudobulben büschelig, fleischig; 3–5 cm hoch; einblättrig, Blätter kurz und sehr sukkulent, 3 –6 cm hoch.

Blüte: Blütenstand endständig, 2–4 cm lang; 1–3 Blüten, 2–8 cm groß, orangerot leuchtend.

Besonderheiten: An einem hellen Standort kultivieren. Morgens und abends besprühen, aber für schnelles Abtrocknen sorgen.

Sophronitis		Spathoglottis
temp. – warm		temp.
HS – Sonne		Sch – HS
feucht		feucht
Ja		Ja
AB		AE

Spathoglottis

BLUME 1825

Arten: Über 40 Arten.

Beispiele: *Spathoglottis aurea, Spathoglottis lobbii, Spathoglottis papuana, Spathoglottis plicata.*

Verbreitung: Weit verbreitet in Südostasien, Indien, China, Indonesien, Neuguinea, Australien und den Pazifischen Inseln. Terrestrisch oder lithophytisch in 200 bis 1500 m Höhe.

Wuchsform: Sympodial; Pseudobulben eiförmig; 1–2 endständige Blätter, 10–70 cm lang, 4–8 cm breit.

Blüte: Blütenstand seitlich, aufrecht, 20–65 cm hoch, traubig, dicht bis locker besetzt; fünf oder mehr Blüten, 3–7 cm groß.

Besonderheiten: Einige Arten blühen in der trockenen Jahreszeit in blattlosem Zustand. Es gibt ein großes Farbspektrum innerhalb einer Art.

Spiranthes sinensis

Stanhopea ruckeri

Spiranthes

L. C. Richard 1817

Arten: Je nach Autor 50–300 Arten.

Beispiele: *Spiranthes cernua, Spiranthes purpurea, Spiranthes spiralis, Spiranthes sinensis.*

Verbreitung: Hauptvorkommen in Amerika, auch Europa, Asien und Australien. Terrestrisch im feuchten, nährstoffarmen Grasland, in 200–2000 m Höhe.

Wuchsform: Sympodial; Wurzeln knollenartig geschwollen; Stamm kurz; Blätter rosettenförmig angeordnet, krautig bis fleischig, 4–24 cm lang, schmal bis breit.

Blüte: Blütenstand terminal, aufrecht, 20–65 cm hoch, traubig, dicht besetzt; zahlreiche Blüten, 0,3–0,8 cm groß, spindelförmig angeordnet.

Besonderheiten: Topfkultur empfohlen. Gleichmäßig feucht halten. Sandiges Gemisch als Kultursubstrat verwenden.

kühl – temp.		*temp. – warm*
HS		*HS*
feucht		*mäßig*
Ja		*Ja*
AE		*C*

Stanhopea

Hooker 1829

Arten: Über 50 Arten.

Beispiele: *Stanhopea ecornuta, Stanhopea graveolens, Stanhopea tigrina, Stanhopea wardii.*

Verbreitung: In den amerikanischen Tropen von Mexiko bis Peru und Brasilien. Epiphytisch, selten auch lithophytisch, in 400–3200 m Höhe.

Wuchsform: Sympodial; Pseudobulben büschelig angeordnet, fleischig, 5–7 cm hoch; mit 1 endständigen Blatt, Blätter ledrig, gestielt, 20–50 cm hoch, 8–18 cm breit.

Blüte: Mehrere Blütenstände am Grunde der Pseudobulben nach unten entspringend, traubig, hängend, locker besetzt; viele Blüten, 8–15 cm groß, Blüten grotesk geformt.

Besonderheiten: Blätter reagieren empfindlich auf Sprühwasser.

Stelis microphylla

Stenia vasquesii

Stelis

SWARTZ 1800

Arten: Weit mehr als 200 Arten.

Beispiele: *Stelis argentata, Stelis fragrans, Stelis microphylla, Stelis tolimensis.*

Verbreitung: In den Tropen Amerikas, von Mexiko und den Westindischen Inseln bis Bolivien und Brasilien. Meist epiphytisch in Büschen und Bäumen im Regen- oder Nebelwald, in 300–3950 m Höhe!

Wuchsform: Sympodial; Rhizom sehr kurz, büschelig; Stämme aufrecht, 3–10 cm hoch; einblättrig, Blatt schmal länglich, 5–15 cm lang.

Blüte: Blütenstand gipfelbürtig, Blütenstand 8–45 cm lang, dicht bis sehr dicht besetzt; fünf oder mehr Blüten, 0,2–1 cm groß.

Besonderheiten: Blockkultur empfohlen, Topfkultur in kleinen Töpfen möglich. Temperiert bis warm kultivieren, immer für hohe Luftfeuchte sorgen.

Stelis		Stenia
kühl – warm		temp.
Sch – HS		Sch
feucht		feucht
Nein		Nein
AB		A

Stenia

LINDLEY 1837

Arten: Etwa 8 Arten.

Beispiele: *Stenia angustilabia, Stenia calceolaris, Stenia jarae, Stenia pallida.*

Verbreitung: Mittelamerika und nördliches Südamerika. Epiphytisch, auf bemoosten Bäumen im feuchten Regenwald, in 500–2200 m Höhe.

Wuchsform: Sympodial; Wurzeln zahlreich, büschelig; Pseudobulben sehr klein; 1–3 Blätter, weich, fächerartig, bis 3 cm breit, 15 cm lang.

Blüte: Blütenstände grundständig, aufrecht, 2–5 cm hoch; einblütig, Blüten auffällig, 3–6 cm groß. Kann mehrmals pro Trieb blühen.

Besonderheiten: Die Pflanzen nie ganz austrocknen lassen. Vorsicht bei hohen Düngegaben. Pralle Sonne im Sommer vermeiden.

Stenocoryne vitellina

Stenoglottis longifolia

Stenocoryne

Lindley 1843

Arten: Etwa 12 Arten.

Beispiele: *Stenocoryne aureofulva, Stenocoryne leucorrhoda, Stenocoryne racemosa, Stenocoryne vitellina.*

Verbreitung: Hauptsächlich in Brasilien. Epiphytisch, selten lithophytisch, in 200–1000 m Höhe.

Wuchsform: Sympodial; Rhizom kurz; Pseudobulben stark fleischig und fest, bis 5 cm hoch; einblättrig; Blätter ledrig, bis 40 cm hoch und 10 cm breit.

Blüte: Blütenstand basal entspringend, aufrecht, 20–45 cm; 3–8 Blüten, 4–6 cm groß, sehr feste Textur, meist orange.

Besonderheiten: Topfkultur empfohlen, Blockkultur möglich. Empfindlich gegen Sprühwasser. Zur Blüteninduktion evtl. kühl stellen.

Stenoglottis

Lindley 1837

Arten: Etwa 4 Arten.

Beispiele: *Stenoglottis fimbriata, Stenoglottis longifolia, Stenoglottis woodii, Stenoglottis zambeziaca.*

Verbreitung: Weit verbreitet in Süd- und Ostafrika. Terrestrisch, selten epi- oder lithophytisch, meist im Humus oder auf bemoosten Steinen oder Ästen wachsend, in 500–1500 m Höhe.

Wuchsform: Sympodial; Wurzeln knollenartig, unterirdisch; Stamm kurz; Blätter in grundständigen Rosetten, 3–11 cm lang, 1–3 cm breit.

Blüte: Blütenstand terminal, aufrecht, 10–45 cm hoch, traubig; Blüten 1–2 cm groß.

Besonderheiten: Nach der Blüte bis zum Erscheinen des Neutriebes trockener halten. Lockeres, sandiges Gemisch als Substrat verwenden.

Stenocoryne		Stenoglottis
temp. – warm		*temp.*
HS – Sonne		*HS*
mäßig		*feucht*
Ja		*Ja*
AB		*E*

Stenorrhynchos speciosum

Symphyglossum sanguineum

Stenorrhynchos

L. C. RICHARD 1826

Arten: Über 30 Arten.

Beispiele: *Stenorrhynchos australe, Stenorrhynchos lanceolatum, Stenorrhynchos macranthum, Stenorrhynchos speciosum.*

Verbreitung: In Mittel- und Südamerika und den Westindischen Inseln. Terrestrisch meist auf Grasland, auch in trockenen Laub- oder Kiefernwäldern, in 100–3000 m Höhe.

Wuchsform: Sympodial; Wurzeln knollenartig, unterirdisch; Stamm kurz; Blätter in grundständigen Rosetten, z. T. gemustert, 3–11 cm lang, 1–3 cm breit.

Blüte: Blütenstand terminal, aufrecht, 30–90 cm hoch, traubig; sehr viele Blüten, 2–3 cm groß, meist rötlich mit heller Lippe.

Besonderheiten: Einige Arten blühen blattlos.

Stenorrhynchos	Symphyglossum
kühl – temp.	*temp.*
HS	*HS*
feucht	*feucht*
Ja	*Ja*
E	*AB*

Symphyglossum

SCHLECHTER 1919

Arten: Etwa 6 Arten.

Beispiele: *Symphyglossum distans, Symphyglossum ecuadorense, Symphyglossum sanguineum, Symphyglossum strictum.*

Verbreitung: Ecuador, Peru, Kolumbien und Venezuela. Epiphytisch in 1200–2500 m Höhe, sehr häufig an den Westhängen der Anden.

Wuchsform: Kurzes Rhizom; flache, beblätterte, gepresste Pseudobulben mit 2 endständigen Blättern, bis 5 cm hoch; Blätter schmal, krautig, bis 25 cm lang.

Blüte: 1–2 Blütenstände am Grunde der Pseudobulbe austretend, aufrecht bis bogig überhängend; viele Blüten, 2–4 cm im Durchmesser.

Besonderheiten: Topf- und Blockkultur möglich. Im Sommer sollten die Pflanzen nicht über 25 °C kultiviert werden.

Telipogon intis

Tetramicra canaliculata

Telipogon
Kunth 1816

Arten: Etwa 60 Arten.
Beispiele: *Telipogon bruchmuelleri, Telipogon intis, Telipogon nervosus, Telipogon venustus.*
Verbreitung: Kolumbien, Ecuador, Peru und Bolivien. Epiphytisch, in feuchten Nebelwäldern, an schattigen Plätzen nahe Wasserläufen, in 2000–3200 m Höhe.
Wuchsform: Sympodial; Pseudobulben eiförmig, 1–4 cm hoch, dicht beblättert; Blatt krautig, breit, 5–30 cm lang.
Blüte: Blütenstand basal entspringend, aufrecht, 4–25 cm hoch; 2–3 Blüten, 2–6 cm groß.
Besonderheiten: Pflanzen sehen in der Ruhephase wie abgestorben aus, entwickeln sich erst zur neuen Vegetationsperiode wieder. Auf gute Wasserqualität achten.

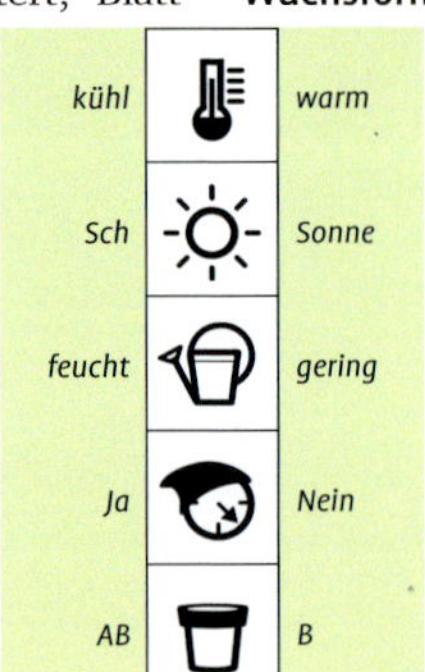

Tetramicra
Lindley 1831

Arten: Etwa 10 Arten.
Beispiele: *Tetramicra bulbosa, Tetramicra canaliculata, Tetramicra elegans, Tetramicra parviflora.*
Verbreitung: Florida und Karibik. Epi- oder meist lithophytisch im vollen Sonnenlicht oder unter/in lichten Büschen, in Meereshöhe bis 250 m.
Wuchsform: Sympodial; Wurzeln fleischig; Rhizome 2–8 cm lang, kriechend; Stämme aufrecht, fleischig, dicht beblättert; Blätter gefurcht und sukkulent, 3–6 cm hoch.
Blüte: Blütenstand seitlich, 12–24 cm lang, aufrecht; 3–6 Blüten, 2–3 cm groß, lange Blühdauer.
Besonderheiten: Morgens und abends besprühen, aber für schnelles Abtrocknen sorgen.

Thrixspermum formosanum

Thunia marshalliana

Thrixspermum

LOUREIRO 1790

Arten: Über 60 Arten.

Beispiele: *Thrixspermum acuminatissimum, Thrixspermum elongatum, Thrixspermum triangulare, Thrixspermum warianum.*

Verbreitung: Sri Lanka bis Samoa, Japan, Malaysia, Philippinen und Indonesien. Epiphytisch auf bemoosten Ästen in 100–1100 m Höhe.

Wuchsform: Monopodial; Stämme manchmal verzweigend, mehr oder weniger dicht zweizeilig beblättert, 5–60 cm hoch; Blätter sukkulent fleischig, 5–25 cm lang.

Blüte: Blütenstände blattachselbürtig, waagerecht bis aufrecht, 5–25 cm lang; Blüte rund bis spinnenförmig, 0,8–9 cm groß, kurze Blühdauer, aber hintereinander blühend.

Besonderheiten: Blockkultur empfohlen. Hohe Luftfeuchtigkeit wichtig.

Thrixspermum		Thunia
temp. – warm		*temp.*
HS – Sonne		*HS*
mäßig		*feucht*
Nein		*Ja*
AB		*A*

Thunia

REICHENBACH f. 1852

Arten: Etwa 6 Arten.

Beispiele: *Thunia alba, Thunia bracteata, Thunia brymeriana, Thunia venosa.*

Verbreitung: Himalaja, Südostasien, Malaysia, Australien und Neuguinea. Lithophytisch, gelegentlich epiphytisch in Astgabeln, in 100–2300 m Höhe.

Wuchsform: Sympodial; Rhizom kurz; Stämme röhrenartig, aufrecht, und an der Spitze beblättert, 30–120 cm hoch; Blätter krautig, schmal, 10–20 cm lang.

Blüte: Blütenstand terminal entspringend, aufrecht bis überhängend; 3–9 Blüten, 4–12 cm groß, meist weiß.

Besonderheiten: Arten können in Epiphytenmischung kultiviert werden. Bei Blattfall weniger gießen und etwas kühler halten. Umtopfen ist nur beim Erscheinen eines Neutriebes möglich.

Tolumnia calochila

Trias picta

Tolumnia

Rafinesque 1837

Arten: Etwa 30 Arten.

Beispiele: *Tolumnia calochila, Tolumnia guianensis, Tolumnia triquetra, Tolumnia pulchella.*

Verbreitung: Westindische Inseln. Epiphytisch wachsend, meist in Küstenregionen in trockenen oder luftfeuchten Gebieten bis zu 100 m Höhe anzutreffen.

Wuchsform: Sympodial; Wurzeln dünn; Rhizom kurz bis sehr lang; Blätter sich überdeckend, zweizeilig angeordnet, sukkulent bis fleischig, 4–12 cm lang.

Blüte: Blütenstände basal entspringend, aufrecht oder überhängend, 10–40 cm lang; 1–15 Blüten, 2–3 cm groß, Blütenstände treiben z. T. wieder aus.

Besonderheiten: Blockkultur empfohlen. Morgens und abends besprühen, kein Wasser in die Blattachseln.

warm		*temp. – warm*
Sonne		*HS*
mäßig		*feucht*
Nein		*Nein*
B		*B*

Trias

Lindley 1830

Arten: Etwa 14 Arten.

Beispiele: *Trias cambodiana, Trias intermedia, Trias nasuta, Trias oblonga.*

Verbreitung: Von Indien bis Laos, Hauptvorkommen in Thailand. Epiphytisch in feuchten Wäldern, gelegentlich auch epiphytisch auf bemoosten Felsen, in bis zu 1500 m Höhe.

Wuchsform: Rhizome 0,5–6 cm lang, kriechend; Bulben, 1–3 cm groß, kugelig; 1 endständiges Blatt, fleischig-sukkulent, 2–5 cm lang.

Blüte: Blütenstand basal entspringend, aufrecht, 1–5 cm hoch; 1–2 Blüten, 1–3 cm groß. Blüte oft größer als die Pflanze.

Besonderheiten: Blockkultur empfohlen. Nach Besprühen ist schnelles Abtrocknen wichtig. Arten haben keine Ruhephase. Wenn kein Neutrieb erscheint, trockener halten.

Trichocentrum brandtiae

Trichoceros spec.

Trichocentrum
Poeppig & Endlicher 1836

Arten: Etwa 18 Arten.

Beispiele: *Trichocentrum fuscum, Trichocentrum longicalcaratum, Trichocentrum pulchrum, Trichocentrum tigrinum.*

Verbreitung: Brasilien, Ecuador, Peru, Kolumbien, Venezuela, Costa Rica, Panama und Bolivien. Epiphytisch im tropischen Regenwald in 400–1600 m Höhe.

Wuchsform: Wurzeln fleischig; Rhizome 0,5–1 cm lang; Pseudobulben 0,5–1 cm groß; 1 endständiges Blatt, fleischig-sukkulent, 3–9 cm lang.

Blüte: Blütenstand basal entspringend, meist hängend, 3–12 cm lang, 1–3 Blüten, 3–7 cm groß.

Besonderheiten: Blockkultur empfohlen. Nach Besprühen ist schnelles Abtrocknen wichtig. Junge Triebe nicht benetzen!

temp. – warm	*kühl – temp.*
HS – Sonne	*HS – Sonne*
gering	*mäßig*
Nein	*Ja*
AB	*B*

Trichoceros
Kunth 1816

Arten: Etwa 5 Arten.

Beispiele: *Trichoceros antennifer, Trichoceros bergoldii, Trichoceros muralis, Trichoceros tupaipi.*

Verbreitung: In den Anden Mittelamerikas (in 1800–3500 m Höhe). Meist epiphytisch wachsend im tropischen Regenwald und Nebelwald, dabei klettern sie Bäume empor. Einige Arten wachsen lithophytisch an Felshängen unter trockenen Bedingungen.

Wuchsform: Wurzeln fleischig; Rhizome 1–9 cm lang, kletternd; Pseudobulben 0,5–1,8 cm groß, beblättert; ein endständiges Blatt, fleischig-sukkulent, 2–6 cm lang.

Blüte: Blütenstand basal entspringend, aufrecht, 8–15 cm lang, 3–5 Blüten, 2–4 cm groß.

Besonderheiten: Blockkultur empfohlen.

Trichoglottis brachiata

Trichopilia gracilis

Trichoglottis

Blume 1825

Arten: Etwa 60 Arten.

Beispiele: *Trichoglottis brachiata, Trichoglottis fasciata, Trichoglottis pusilla, Trichoglottis sagarikii.*

Verbreitung: Weit verbreitet von Indonesien bis Philippinen, auch Südostasien. Meist epiphytisch kletternd, in 30–2000 m Höhe.

Wuchsform: Monopodial; Wurzeln wenig, manchmal seilartig; Stamm 5–60 cm lang, dicht bis locker zweizeilig beblättert; Blätter schmal, fleischig bis sukkulent, 5–18 cm lang.

Blüte: Blütenstand sehr kurz, blattachselbürtig, 1–2 cm lang, entlang des Stammes; 1–5 Blüten, 0,6–7 cm groß.

Besonderheiten: Kultur im Körbchen oder Blockkultur empfohlen. Einige Arten benötigen Kletterhilfe.

temp. - warm		temp. - warm
Sonne		HS
gering		mäßig
Nein		Ja
BC		ABC

Trichopilia

Lindley 1836

Arten: Etwa 30 Arten.

Beispiele: *Trichopilia fragrans, Trichopilia marginata, Trichopilia tortilis, Trichopilia suavis.*

Verbreitung: Mexiko, Nicaragua, Costa Rica, Panama, Guatemala, Kolumbien und Honduras. Epiphytisch wachsend, meist auf bemoosten Ästen, in 70–2800 m Höhe.

Wuchsform: Sympodial; Rhizom kurz, büschelig; Pseudobulbe länglich, flach, 5–10 cm hoch; einblättrig, Blatt schmal, ledrig, 5–18 cm lang.

Blüte: Blütenstand basal entspringend, 4–15 cm lang, waagerecht bis hängend, entlang des Stammes, 1–5 Blüten, 4–12 cm groß.

Besonderheiten: Orchideen nach der Blüte bis zum Neutrieb kühl und trocken halten.

Trichosalpinx blaisdellii

Trichotosia barbarossa

Trichosalpinx

Luer 1983

Arten: Weit mehr als 100 Arten.

Beispiele: *Trichosalpinx berlineri, Trichosalpinx ciliaris, Trichosalpinx dependens, Trichosalpinx teaguei.*

Verbreitung: In den Tropen Amerikas und der Karibik. Epiphytisch im Regen- oder Nebelwald, in Regionen mit hoher Luftfeuchte.

Wuchsform: Sympodial; Rhizom sehr kurz, büschelig; Blätter gestielt, Stiel 1–15 cm lang, Blatt schmal länglich bis rund, 2–30 cm lang, 0,5–30 cm breit.

Blüte: Blütenstand gipfelbürtig, Blütenstand 2–45 cm lang, eine bis viele Blüten, 0,2–6 cm groß.

Besonderheiten: Kleinere Arten für Blockkultur geeignet, größere im Topf kultivieren. Anspruch an die Kulturtemperatur innerhalb der Gattung ist sehr unterschiedlich. Hohe Luftfeuchte bei allen Arten empfohlen.

kühl – temp.		temp.
Sch – HS		HS
feucht		mäßig
Nein		Nein
AB		D

Trichotosia

Blume 1825

Arten: Über 50 Arten.

Beispiele: *Trichotosia aporina, Trichotosia gracilis, Trichotosia iodantha, Trichotosia rotundifolia.*

Verbreitung: In den Tropen des Himalaja bis zu den südwestpazifischen Inseln. Epiphytisch auf Bäumen, besonders in Regionen mit regelmäßigen Niederschlägen vorkommend, in 800–1900 m Höhe.

Wuchsform: Sympodial; büschelig, Stämme rohrgrasartig verlängert, dicht zweizweilig beblättert, kriechend bis lang kletternd, 10–40 cm lang, Stamm und Blätter behaart.

Blüte: Blütenstände gipfel- oder blattachselbürtig, Blütenstände 2–8 cm lang, hängend; 1–8 Blüten.

Besonderheiten: Kultur in flachen Schalen empfohlen. Blockkultur ist schwierig.

Tridactyle bicaudata

Trigonidium egertonianum

Tridactyle

Schlechter 1914

Arten: Etwa 45 Arten.

Beispiele: *Tridactyle bicaudata, Tridactyle gentilii, Tridactyle oblongifolia, Tridactyle verrucosa.*

Verbreitung: Madagaskar und tropisches Afrika. Epiphytisch im Regenwald wachsend, häufig in Gebieten mit hohen Niederschlägen, in 600–1550 m Höhe.

Wuchsform: Monopodial; Stamm aufrecht, basal verzweigend, 10–50 cm hoch, gleichmäßig zweizeilig beblättert; Blattspanne von 10–20 cm, Blatt fleischig, schmal.

Blüte: Blütenstände blattachselbürtig, 2–12 cm lang, büschelig oder gleichmäßig besetzt. Bei einer Sektion schauen die Blüten zu einer Seite.

Besonderheiten: Blockkultur auf langen Unterlagen empfohlen. Bei Topfkultur ist Kletterhilfe nötig.

temp.		temp. – warm
HS – Sonne		Sch – HS
mäßig		feucht
Nein		Nein
AB		AB

Trigonidium

Lindley 1837

Arten: Etwa 12 Arten.

Beispiele: *Trigonidium acuminatum, Trigonidium egertonianum, Trigonidium grande, Trigonidium obtusum.*

Verbreitung: Weit verbreitet in den Tropen und Subtropen Mittel- und Südamerikas. Häufig epi-, aber auch lithophytisch, meist auf bemoosten Bäumen, in 120–1500 m Höhe.

Wuchsform: Rhizom kurz, selten lang, kriechend; Pseudobulben zylindrisch oder eiförmig, abgeflacht, 4–12 cm hoch; 1–2 endständige, weichlaubige Blätter, 10–60 cm lang.

Blüte: Meist mehrere basale Blütenstände, kurz, 14–40 cm lang; Einzelblüte ist 1–8 cm groß.

Besonderheiten: Alle Arten sind sehr wärme- und feuchtigkeitsliebend. Auf gute Wasserqualität achten.

Trisetella spec.

Trudelia cristata

Trisetella

LUER 1980

Arten: Über 20 Arten.

Beispiele: *Trisetella abbreviata, Tristella cordeliae, Trisetella hirtzii, Trisetella triaristella.*

Verbreitung: Mexiko bis nördliches Brasilien, besonders häufig in den Anden Perus bis Venezuela. Meist epiphytisch, selten lithophytisch im Nebelwald, in Höhenlagen von 200–2000 m.

Wuchsform: Sympodial; Rhizom und Stamm sehr kurz; einblättrig, aufrecht, Blatt fleischig, meist 4–12 cm hoch.

Blüte: Blütenstände basal entspringend, hängend oder aufrecht, eine bis viele Blüten, 0,5–4 cm groß, nacheinander aufblühend.

Besonderheiten: Topf- und Blockkultur möglich. Für hohe Luftfeuchte und Frischluft sorgen. Wenig düngen.

temp.		*temp. – warm*
HS		*Sonne*
feucht		*mäßig*
Nein		*Nein*
AB		*C*

Trudelia

GARAY 1986

Arten: Etwa 5 Arten.

Beispiele: *Trudelia alpina, Trudelia cristata, Trudelia griffithii, Trudelia pumila.*

Verbreitung: Südostasien, vom Himalaja bis Vietnam. Epiphytisch in trockenen Wäldern hoch in Bäumen wachsend, in 600–2000 m Höhe.

Wuchsform: Monopodial; aufrecht, 10–25 cm hoch, an der Basis verzweigend, zweizeilig dicht beblättert; Blätter sukkulent fleischig, 10–20 cm lang.

Blüte: Blütenrispen aufrecht, 10–15 cm lang, locker besetzt; 5–20 Blüten, 3–5 cm groß.

Besonderheiten: Kultur im Körbchen empfohlen. Von Frühjahr bis Herbst die Blattunterseiten und Wurzeln morgens und abends regelmäßig besprühen.

Vanda tricolor

Vandopsis parishii

Vanda

JONES ex R. BROWN 1820

Arten: Etwa 50–70 Arten.

Beispiele: *Vanda bensonii, Vanda coerulea, Vanda denisoniana, Vanda tricolor.*

Verbreitung: Nordaustralien, Südostasien, Indien, Indonesien und Philippinen. Epiphytisch, manchmal lithophytisch wachsend im Savannen-, Regen- und Mangrovenwald, häufig nahe Wasserläufen, in 100–1700 m Höhe.

Wuchsform: Monopodial; aufrecht, 20–125 cm hoch, an der Basis verzweigend, zweizeilig dicht beblättert; Blätter sukkulent fleischig, 10–45 cm lang.

Blüte: Blütenrispen aufrecht, 20–65 cm lang, locker besetzt; 5–20 Blüten, 3–8 cm groß.

Besonderheiten: Körbchenkultur empfohlen. Von Frühjahr bis Herbst die Blattunterseiten und Wurzeln morgens und abends regelmäßig besprühen.

Vanda	Vandopsis
warm	*warm*
Sonne	*Sonne*
mäßig	*mäßig*
Nein	*Nein*
C	*C*

Vandopsis

PFITZER 1889

Arten: Etwa 4–12 Arten.

Beispiele: *Vandopsis gigantea, Vandopsis lissochiloides, Vandopsis parishii, Vandopsis undulata.*

Verbreitung: Himalaja, Thailand bis Vietnam. Epiphytisch in hellen Wäldern, lithophytisch auf Kalkfelsen, bis zu 1300 m Höhe.

Wuchsform: Monopodial, Wurzeln sehr dick, Stamm aufrecht, 8–70 cm hoch, zweizeilig dicht beblättert, Blätter sukkulent fleischig, 10–45 cm lang, schmal oder breit.

Blüte: Blütenrispen aufrecht, 20–65 cm lang, locker besetzt; 5–15 Blüten, 3–8 cm groß.

Besonderheiten: Körbchenkultur empfohlen. Von Frühjahr bis Herbst die Blattunterseiten und Wurzeln morgens und abends regelmäßig besprühen.

Vanilla planifolia

Warmingia eugenii

Vanilla

Miller 1754

Arten: Über 100 Arten.

Beispiele: *Vanilla aphylla, Vanilla grandiflora, Vanilla planifolia, Vanilla pompona.*

Verbreitung: Thailand, Java, Myanmar, Karibik, in den Tropen Amerikas und Afrikas. Epiphytisch, manchmal lithophytisch wachsend, in 270–530 m Höhe, selten höher.

Wuchsform: Monopodial; Wurzeln spärlich; Stamm aufrecht, bis 6 m lang! Zweizeilig beblättert; Blätter sukkulent, 5–15 cm lang, schmal.

Blüte: Blütenrispen seitlich, 5–15 cm lang, dicht besetzt; bis zu 25 Blüten, Blüte weiß oder gelblich, 4–12 cm groß, Blühdauer sehr kurz, mehrmals hintereinander blühend.

Besonderheiten: Topfkultur empfohlen, Kletterhilfe unerlässlich. Stecklingsvermehrung möglich. Blüht erst ab einer Pflanzengröße von 3–4 m.

warm		temp.
HS – Sonne		HS
mäßig – feucht		mäßig – feucht
Nein		Nein
A		AB

Warmingia

Reichenbach f. 1881

Arten: Etwa 4 Arten.

Beispiele: *Warmingia buchtienii, Warmingia eugenii, Warmingia margaritacea, Warmingia zamorana.*

Verbreitung: Brasilien bis Ecuador. Epiphytisch, meist auf dünnen Zweigen, im tropischen, feuchten Regenwald, wahrscheinlich nicht über 1000 m Höhe vorkommend.

Wuchsform: Rhizome kurz, büschelig; Pseudobulben 1–2 cm lang, einblättrig, 8–12 cm hoch; Blatt ledrig.

Blüte: Blütenstand basal entspringend, hängend, dicht besetzte Traube; 8–30 Blüten, 2–3 cm groß.

Besonderheiten: Blockkultur empfohlen. Für hohe Luftfeuchte sorgen. Pflanzen häufig besprühen, aber auf schnelles Abtrocknen achten. Selten in Kultur, da schwierig!

Xylobium spec.

Zootrophion alvaroi

Xylobium

LINDLEY 1825

Arten: Etwa 30 Arten.

Beispiele: *Xylobium colleyi, Xylobium elongatum, Xylobium leontoglossum, Xylobium variegatum.*

Verbreitung: In den Tropen und Subtropen Mittel- und Südamerikas, auch auf den Westindischen Inseln. Häufig epi-, aber auch lithophytisch in 600–3000 m Höhe.

Wuchsform: Rhizom kurz, büschelig; Pseudobulben 5–9 cm hoch; 1–2 endständige, gestielte Blätter, 30–90 cm lang.

Blüte: Blütenstand seitlich, 12–30 cm lang, im oberen Drittel locker bis dicht besetzt; 4–30 Blüten, 1,5–5 cm groß.

Besonderheiten: Topfkultur empfohlen. Im Winter kühler und etwas trockener halten. Die Blüteninduktion erfolgt durch Trockenzeit nach der Bulbenentwicklung.

Xylobium		Zootrophion
kühl – temp.		*temp. – warm*
HS		*Sch – HS*
mäßig		*feucht*
Ja		*Nein*
A		*AB*

Zootrophion

LUER 1982

Arten: Etwa 12 Arten.

Beispiele: *Zootrophion alvaroi, Zootrophion atropurpureum, Zootrophion dayanum, Zootrophion vulturiceps.*

Verbreitung: In den Tropen Amerikas. Meist epiphytisch auf Büschen und Bäumen im Regen- oder Nebelwald, in 300–1900 m Höhe.

Wuchsform: Sympodial; Rhizom sehr kurz, büschelig; Stämme aufrecht, 3–12 cm lang, einblättrig; Blatt elliptisch bis eiförmig rundlich, 3–7 cm lang, 2–4 cm breit.

Blüte: Blütenstand gipfelbürtig, Blütenstand 2–5 cm lang; Einzelblüte, 1–3,5 cm groß. Blüten öffnen sich nicht, hängen nach unten.

Besonderheiten: Block- oder Topfkultur möglich. Für feuchte Frischluft sorgen; Pflanzen dürfen nie ganz austrocknen.

Zygopetalum mackayi

Zygostates grandiflora

Zygopetalum

HOOKER 1833

Arten: Etwa 40 Arten.

Beispiele: *Zygopetalum crinitum, Zygopetalum intermedium, Zygopetalum mackayi, Zygopetalum maxillare.*

Verbreitung: Vorwiegend in den Tropen Südamerikas, in Paraguay, Peru und Bolivien. Meist lithophytisch oder terrestrisch wachsend, in 950–2200 m Höhe.

Wuchsform: Sympodial; Wurzeln dick und zahlreich; Pseudobulben fleischig, 6–9 cm hoch; Blätter 20–50 cm lang, zu Beginn der Ruhephase absterbend.

Blüte: Blütenstände grundständig, aufrecht, 25–65 cm hoch, locker besetzt im oberen Bereich; 6–9 Blüten, 5–8 cm groß.

Besonderheiten: Topfkultur in großen Töpfen empfohlen. Während des Wachstums feucht halten, nach Triebabschluss trockener kultivieren.

Zygopetalum	Zygostates
temp.	*temp. – warm*
HS	*Sch – HS*
feucht	*feucht*
Ja	*Nein*
A	*AB*

Zygostates

LINDLEY 1837

Arten: Etwa 12 Arten.

Beispiele: *Zygostates alleniana, Zygostates bradei, Zygostates kuhlmanni, Zygostates lunata.*

Verbreitung: In den Tropen Brasiliens, Argentiniens und Paraguays. Epiphytisch auf bemoosten Zweigen oder Ästen in feuchten Wäldern, selten über 1100 m Höhe.

Wuchsform: Sympodial; Wurzeln fein, büschelig; Rhizom 0,5–1,5 cm; ohne Pseudobulben; Blätter fächerartig angeordnet, 3–7 cm lang, fleischig.

Blüte: Blütenstände blattachselbürtig, aufrecht bis überhängend, locker bis dicht traubig; 10–25 Blüten, 0,4–0,8 cm klein, weiß bis gelblich.

Besonderheiten: Für gleichmäßige Luftfeuchte sorgen. Am Naturstandort bildet sich morgens und abends viel Tau.

Auf einen Blick

Gattung	Autor	Abgespaltene Gattungen/ Auswahl an Synonymen	Bedeutung
Acacallis	Lindley	von *Aganisia*	**Akakallis** Geliebte des Apoll
Acampe	Lindley		**akampes** (gr.) steif
Acanthephippium	Blume		**akantha** (gr.) Dorn, **phippion** (gr.) Sattel
Acineta	Lindley		**akinetos** (gr.) unbeweglich
Ada	Lindley	von *Brassia*	**Ada** (gr.) griechische Göttin
Aerangis	Reichenbach f.	von *Angraecum*	**aer** (gr.) Luft, **angos** (gr.) Gefäß
Aeranthes	Lindley		**aer** (gr.) Luft **anthos** (gr.) Blume
Aerides	Loureiro	in *Holcoglossum, Seidenfadenia, Sedirea*	**aer** (gr.) Luft, **eides**, (gr.) ähnlich
Aganisia	Lindley	wird (häufig) mit *Acacallis* vereint	**aganos** (gr.) sanft
Amesiella	Garay		nach Oakes **Ames** (amerik. Botaniker)
Anacheilum	Hoffmannsegg	von *Epidendrum*	**ana** (gr.) oben, **cheilos** (gr.) Lippe
Ancistrochilus	Rolfe	von *Pachystoma, Ipsea*	**ankistron** (gr.) Haken, **cheilos** (gr.) Lippe
Angraecum	Bory	in *Jumellea, Rangaeris, Tridactyle, Ypsilopus*	**angurek** (malai.) epiphytische Orchidee
Anguloa	Ruiz & Pavon	*Acineta, Lycomormium, Catasetum, Stanhopea*	nach Don Francisco de **Angulo**, peruanischer Amateurbotaniker
Ansellia	Lindley		nach John **Ansell**, Entdecker der Typus-Pflanze
Appendicula	Blume	*Agrostophyllum*	
Arachnis	Blume	*Arachnanthe, Esmeralda*	**arachne** (gr.) Spinne
Arachnanthe	Blume	vereint mit *Arachnis*, Syn. *Esmeralda*	**arachne** (gr.) Spinne, **anthos** (gr.) Blume
Arpophyllum	La Llaeve & Lexarza		**harp** (gr.) Sichel, **phyllon** (gr.) Blatt
Ascocentrum	Schlechter ex J. J. Smith	*Ascolabium, Saccolabium, Ascocentropsis*	**ascos** (gr.) Sack, **kentron** (gr.) Sporn
Aspasia	Lindley	in *Cischweinfia*	**Aspasia** (gr.) Athener Frau des Pericles
Baptistonia	Barbosa Rodriguez	in *Oncidium*	nach Dr. **Baptista** Caetano d'A. Nogueira
Barbosella	Schlechter	von *Pleurothallis*	nach Dr. Joao **Barbosa** Rodrigues, Orchideen-spezialist
Barkeria	Knowles & Westcott		nach George **Barker**, englischer Orchideenjäger
Batemannia	Lindley	in *Galeottia, Huntleya*	nach James **Bateman**, Orchideensammler, Züchter und Autor
Bifrenaria	Lindley	in *Stenocoryne*	**bi** (lat.) zwei, **frenum** (lat.) Band, Zügel
Bletilla	Reichenbach f.		Verkleinerungsform von Bletia
Bollea	Reichenbach f.		nach Dr. C. **Boll**, deutscher Förderer des Gartenbaus
Brachtia	Reichenbach f.		nach Albert **Bracht**, österreichischer Hauptmann und Pflanzensammler
Brassavola	R. Brown	in *Rhyncholaelia*	nach Antonio Musa **Brassavola**, venetianischer Wissenschaftler
Brassia	R. Brown	in *Ada*	nach William **Brass**, Botaniker und Illustrator
Broughtonia	R. Brown		nach Arthur **Broughton**, englischer Botaniker
Bulbophyllum	Thouars	in *Cirrhopetalum, Megaclinium*	**bulbos** (gr.) Knolle, **phyllon** (gr.) Blatt
Cadetia	Gaudichaud	vereint mit *Dendrobium* (Schlechter)	nach **Cadet** De Gassicourt, französischer Chemiker
Calanthe	R. Brown		**kalos** (gr.) schön, reizend, **anthe** (gr.) Blüte
Catasetum	Kunth	in *Clowesia, Dressleria*	**kata** (gr.) nieder, **seta** (gr.) Borste.
Cattleya	Lindley	in *Guarianthe, Cattleyella*	nach William **Cattley**, englischer Orchideen-gärtner
Caucaea	Schlechter		nach der Region **Cauca** in Kolumbien
Caularthron	Rafinesque		**kaulos** (gr.) Stamm, **arthron** (gr.) gegliedert

Auf einen Blick (Fortsetzung)

Gattung	Autor	Abgespaltene Gattungen/ Auswahl an Synonymen	Bedeutung
Ceratostylis	Blume		**keras** (gr.) Horn, **stylos** (gr.) Säule
Chamaeangis	Schlechter	in *Microterangis*	**chamai** (gr.) niedrig, **angos** (gr.) Gefäß
Chaubardia	Reichenbach f.		S. B. **Chaubard**, französischer Orchideenliebhaber und Gärtner
Chaubardiella	Garay	von *Ehaubardia*	Verkleinerungsform von *Chaubardia*
Chelonistele	Pfitzer	in *Coelogyne*	**chelone** (gr.) Schildkrötenschale, **stele**(gr.) Säule
Chiloschista	Lindley		**cheilos** (gr.) Lippe, **schistis** (gr.) Spalte
Chondrorhyncha	Lindley	in *Warszewiczella, Cochleanthes*	**chondros** (gr.) Knorpel, **rhynchos** (gr.) Schnabel
Chysis	Lindley		**chysis** (gr.) Häufchen
Cirrhaea	Lindley		**kirrhos** (gr.) Ranke
Cirrhopetalum	Lindley	in *Bulbophyllum*	**kirrhos** (gr.) Ranke, **petalon** (gr.) Petale
Cischweinfia	Dressler & Williams	in *Aspasia, Trichopilia*	nach Charles **Schweinfurth**, amerikanischer Botaniker
Cleisostoma	Blume		**kleistos** (gr.) geschlossen, **stoma** (gr.) Öffnung
Clowesia	Lindley	von *Catasetum*	nach John **Clowes**, Geistlicher und Orchideenliebhaber
Cochleanthes	Rafinesque	in *Chondrorhyncha*	**kochlias** (gr.) Spiralmuschel, **anthos** (gr.) Blüte
Cochlioda	Lindley	in *Odontoglossum*	**kochliodes** (gr.) spiralig, schneckenartig
Coelia	Lindley	vereint mit *Bothriochilus*	**kolos** (gr.) hohl
Coelogyne	Lindley	*Chelonistele, Ptychyognye, Hologyne*	**kolos** (gr.) hohl, **gyne** (gr.) weiblich
Comparettia	Poeppig & Endlicher		nach Andreo **Comparetti**, italienischer Botanikprofessor
Condylago	Luer	von *Pleurothallis*	**condylatus** (lat.) knopf-, knaufförmig
Coryanthes	Hooker		**korys** (gr.) Helm, **anthos** (gr.) Blüte
Cryptocentrum	Bentham		**kryptos** (gr.) verborgen, **kentron** (gr.) Sporn
Cryptochilus	Wallich		**kryptos** (gr.) verborgen, **chilum** (gr.) Lippe
Cryptophoranthus	Barbosa Rodrigues	wird (häufig) mit *Pleurothallis* und *Zootrophion* vereint	**kryptos** (gr.) verborgen, **phores** (gr.) tragend, **anthos** (gr.) Blüten
Cuitlauzina	La Llaeve & Lexarza	von *Odontoglossum*	nach **Cuitlauhuatzin**, Gouverneur in Mexiko
Cycnoches	Lindley		**kyknos** (gr.) Schwan, **anchen** (gr.) Nacken, Hals
Cymbidiella	Rolfe		Verkleinerungsform von *Cymbidium*
Cymbidium	Swartz		**kymbes** (gr.) Kahn
Cyrtochilum	Kunth	von *Oncidium*	**kyrtos** (gr.) Schwellung, Bogen, **chilum** (gr.) Lippe
Cyrtopodium	R. Brown		**kyrtos** (gr.) Schwellung, Bogen, **podion** (gr.) Fuß
Cyrtorchis	Schlechter		**kyrtos** (gr.) Schwellung, Bogen, **orchis** (gr.) Hoden, Orchidee
Dendrobium	Swartz	in *Cadetia, Cannaeorchis, Diplocaulobium, Dockrillia, Eriopexis, Flickingeria, Grastidiuim, Inobulbum, Pseuderi, Tetrodon, Winika*	**dendros** (gr.) Baum, **bios** (gr.) leben.
Dendrochilum	Blume		**dendros** (gr.) Baum, **cheilos** (gr.) Lippe
Dendrophylax	Reichenbach f.	wird (häufig) mit *Polyradicion* vereinigt	**dendros** (gr.) Baum, **phylax** (gr.) Wächter
Diaphananthe	Schlechter	in *Angraecum, Listrostachys*	**diaphanes** (gr.) durchscheinend, **anthos** (gr.) Blüte

Auf einen Blick (Fortsetzung)

Gattung	Autor	Abgespaltene Gattungen/ Auswahl an Synonymen	Bedeutung
Dichaea	Lindley		**dichaea** (agr. lat.) zweireihig
Diplocaulobium	(Reichenbach f.) Kraenzlin	von *Dendrobium*	**diplos** (gr.) zweifach, **kaulos** (gr.) Stängel, **lobos** (gr.) Lappen
Dipteranthus	Barbosa Rodrigues	wird (manchmal) mit *Ornithocephalus* vereint	**di** (gr.) doppelt, **pteros** (gr.) Flügel, **anthos** (gr.) Blüte
Disa	Bergius		**dis** (lat.) auf die Schönheit der Blüte anspielend
Dockrillia	Brieger	von *Dendrobium*	nach A. W. **Dockrill**, australischer Orchidologe
Domingoa	Schlechter		nach dem Fundort, **Dominikanische** Republik
Doritis	Lindley	wird (manchmal) mit *Phalaenopsis* vereint	**Doritis** (gr.) nach dem Speer der Göttin Aphrodite
Dracula	Luer	von *Masdevallia*	**dracula** (lat.) kleiner Drachen
Dresslerella	Luer	von *Pleurothallis*	nach Robert **Dressler**, amerikanischer Orchidologe
Dryadella	Luer	von *Masdevallia*	**drya** (gr.) ein Baumnymphe, ***ella** (gr.) Verkleinerungsform
Dyakia	Christensen	von *Ascocentrum*	**Dyak** (malay.) Ureinwohner Borneos
Embreea	Dodson	von *Stanhopea*	nach Alvin **Embree**, amerikanischer Orchideenliebhaber
Encyclia	Hooker	in *Hagsatera*	**enkyklein** (gr.) einschließen
Epidendrum	Linné	in *Anacheilium, Aulizia, Euchile, Hormidium, Nanodes, Oerstedella, Oestlundiana, Prostechea, Panarica*	**epi** (gr.) darüber, **dendron** (gr.) Baum
Epigeneium	Gagnepain	in *Dendrobium, Katherinea*	**epi** (gr.) auf, **geneion** (gr.) Wange, Kinn
Eria	Lindley		**erion** (gr.) Wolle
Eriopsis	Lindley		**Eria** (gr.) Gattung, **opsis** (gr.) sieht aus wie
Erycina	Lindley	von *Oncidium*	**Erycina** Liebesgöttin in Sizilien
Euanthe	Schlechter	*in Vanda*	**euanthes** (gr.) blühend, prächtig
Eulophia	R. Brown ex Lindley	vereint mit *Lissochilus*	**eu** (gr.) echt, wahr, **lophos** (gr.) Feder, Kamm
Eurychone	Schlechter	von *Angraecum*	**eury** (gr.) breit, **chone** (gr.) Trichter
Fernandezia	Ruiz & Pavon		nach Dr. Gregorio Garcia **Fernandez**, spanischer Botaniker
Flickingeria	Hawkes	von *Dendrobium*	nach Edward A. **Flickinger**, Freund des Beschreibers
Galeandra	Lindley		**galea** (lat.) Helm
Galeottia	A. Richard	wird auch als *Mendoncella* geführt	nach H. **Galeotti**, italienischer Botaniker
Gastrochilus	D. Don		**gaster** (gr.) Bauch, **cheilos** (gr.) Lippe
Gastrorchis	Schlechter	wird (häufig) mit *Phaius* vereint	**gaster** (gr.) Bauch, **orchis** (gr.) Orchidee
Gomesa	R. Brown	in *Rodriguezia*	nach Dr. Bernadino Antonio **Gomez**, portugiesischer Arzt und Botaniker
Gongora	Ruiz & Pavon		nach Don Antonio Caballero y **Gongora**, Vizekönig Kolumbien und Ecuador
Grammangis	Reichenbach f.	von *Grammatophyllum*	**gramma** (gr.) Zeichen, **angos** (gr.) Gefäß
Grammatophyllum	Blume		**gramma** (gr.) Zeichen, **phyllon** (gr.) Blatt
Grobya	Lindley		nach Lord Grey of **Grobyi**, englischer Orchideenliebhaber
Habenaria	Willdenow	in *Bonatea, Platanthera*	**habena** (lat.) Zügel, Peitsche
Haraella	Kudo		nach Mr. Yoshi **Hara**, Entdecker der Art

Auf einen Blick (Fortsetzung)

Gattung	Autor	Abgespaltene Gattungen/ Auswahl an Synonymen	Bedeutung
Helcia	Lindley	wird (manchmal) mit *Trichopilia* vereint	**helicum** (lat.) Kummet
Hexisea	Lindley	wird (manchmal) mit *Scaphyglottis* vereint	**hex** (gr.) sechs, **isos** (gr.) gleich
Holcoglossum	Schlechter	in *Vanda*	**holcos** (gr.) band, **glossa** (gr.) Zunge
Houlletia	Brongniart		Nach M. **Houllet**, dem französischen Sammler der Typus-Art
Huntleya	Lindley		nach J. T. **Huntley**, englischer Orchideenliebhaber
Ida	Ryan & Oakley	von *Lycaste*	unklar
Ionopsis	Kunth		**ion** (gr.) Veilchen, **opsis** (gr.) sieht aus wie
Isabelia	Barbosa Rodriguez		nach Donna **Isabel**, Comtessa d'Eu
Isochilus	R. Brown		**iso** (gr.) gleich, **cheilos** (gr.) Lippe
Jumellea	Schlechter	von *Angraecum*	nach Dr. Henry **Jumelle**, französischer Botaniker
Kefersteinia	Reichenbach f.		nach Herrn **Keferstein**, Freund von Reichenbach und Orchideenliebhaber
Kingidium	P. F. Hunt	wird (manchmal) mit *Phalaenopsis* vereint	nach Sir George **King**, Mitautor von „Orchids Of Sikkim Himalaya“
Koellensteinia	Reichenbach f.		nach Hauptmann Kellner von **Koellenstein**, Freund von Reichenbach
Lacaena	Lindley		
Laelia	Lindley	in *Sophronitis*	altrömischer Frauenname
Lanium	Lindley	von *Epidendrum*	**lana** (lat.) Wolle
Lemboglossum	Halbinger	von *Odontoglossum*, jetzt *Rhynchostele*	**lembos** (gr.) Boot, **glossa** (gr.) Zunge
Leochilus	Knowles & Westcott		**leios** (gr.) glatt, **cheilos** (gr.) Zunge
Lepanthes	Swartz	von *Pleurothallis*	**lepsis** (gr.) Schuppe, **anthos** (gr.) Blüte
Lepanthopsis	Ames	von *Pleurothallis*	**Lepanthes** Gattung, **opsis** (gr.) sieht aus wie
Leptotes	Lindley		**leptotes** (gr.) Zartheit, Zierlichkeit
Liparis	A. C. Richard		**liparos** (gr.) fett, glänzend
Lophiaris	Raffinesque	von *Oncidium*	**lophos** (lat) Helmbusch
Ludisia	A. Richard		unklar
Lueddemannia	Linden & Reichenbach f.		nach **Lueddemann**, Orchideenzüchter
Luisia	Gaudichaud		nach Don **Luis** De Torres, portugiesischer Botaniker
Lycaste	Lindley		**Lycaste**, Tochter des Priamus von Troja
Lycomormium	Reichenbach f.		**lykos** (gr.) Wolf, **mormo** (gr.) Kobold
Macodes	Lindley		**maktos** (gr.) lang
Macradenia	R. Brown		**makros** (gr.) lang, **aden** (gr.) Drüse
Macroclinium	Barbosa Rodriguez	wird manchmal mit *Notylia* vereinigt	**makros** (gr.) lang, **klinion** (gr.) kleines Bett
Malaxis	Swartz		**malaxis** (gr.) weichwerdend
Malleola	Smith & Schlechter		**malleolus** (lat.) kleiner Hammer
Masdevallia	Ruiz & Pavon		nach Dr. Jose **Masdevall**, spanischer Arzt und Botaniker
Mastigion	Garay, Hamer & Siegerist		Peitschenorchidee ?
Maxillaria	Ruiz & Pavon	in *Lycaste*, *Xylobium*	**maxilla** (lat.) Kiefer
Mediocalcar	J. J. Smith		**medius** (lat.) Mitte, **calcar** (lat.) Sporn
Meiracyllium	Reichenbach f.		**meirykyllion** (gr.) kleines Geschöpf
Mexicoa	Garay	von *Oncidium*	**mexicoa** (lateinisiert) aus Mexiko stammend

Auf einen Blick (Fortsetzung)

Gattung	Autor	Abgespaltene Gattungen/ Auswahl an Synonymen	Bedeutung
Mexipedium	Albert & Chase		**mexi** (latin.) Mexiko, **pedium** (lat.) Schuh
Microcoelia	Lindley		**micros** (gr.) klein, **kollia** (gr.) Hinterleib
Micropera	Lindley		**micro** (gr.) klein, **pera** (gr.) Sack
Microterangis	Schlechter ex Senghas	siehe *Chamaeangis*	**microter** (gr.) kleiner, **angis**, (gr.) Gefäß
Miltonia	Lindley	in *Anneliesia, Miltonioides, Miltoniopsis*	nach Viscount **Milton**, engl. Orchideen-sammler
Miltoniopsis	Godefroy-Lebeuf	in *Miltonia*	**Miltonia** Orchideengattung, **opsis** (gr.) sieht aus wie
Mormodes	Lindley		**Mormo** (gr.) phantom, **eides** (gr.) sieht aus wie
Mormolyca	Fenzl		**Mormolyca** (gr.) Kobold
Myoxanthus	Poeppig & Endlicher	von *Pleurothallis*	**myoxus** (gr.) Siebenschläfer, **anthos** (gr.) Blüte
Myrmecophila	Rolfe	von *Schomburgkia*	**myrmex** (gr.) Ameise, **philos** (gr.) liebend
Mystacidium	Lindley	in *Aerangis, Angraecum*	**mystax** (gr.) Schnurrbart
Nageliella	L.O. Williams		nach Otto **Nagel**, der die Pflanzen gesammelt hat
Nanodes	Lindley	von *Epidendrum*, manchmal *Neolehmannia*	**nanodes** (gr.) zwerghaft klein
Neobathiea	Schlechter		nach Henri Perrier de la **Bathie**
Neobenthamia	Rolfe		nach George **Bentham**
Neofinetia	H. H. Hu		nach Achille **Finet**
Neodryas	Lindley		**neo** (gr.) neu, **dryas** (gr.) Waldnymphe
Neogardneria	Schlechter	von *Zygopetalum*	nach George **Gardner**
Neolauchea	Kraenzlin		**neo** (gr.) neu, **Lauche** Direktor des Bot. Gar-tens des Fürsten von Liechtenstein in Eisgrub
Neomoorea	Rolfe		nach F. **Moore**
Nervilia	Gaudichaud-Beaupre		**nervus** (lat.) geadert
Nidema	Britton & Millspaugh	von *Epidendrum*	Anagramm von Dinema
Notylia	Lindley	in *Macroclinium*	**neton** (gr.) Rücken, **tylon** (gr.) Buckel
Oberonia	Lindley		nach dem Elfenkönig **Oberon**
Octomeria	R. Brown		**octo** (gr.) **achtmeros** (gr.) Teil
Odontoglossum	Kunth	in *Amparoa, Aspasia, Cochlioda, Cuitlauzinia, Cyrtochilum, Gomesa, Lemboglossum, Maxillaria, Mesoglossum, Mesopinidium, Miltonia, Miltonioides, Miltoniopsis, Oliveriana, Oncidium, Osmoglossum, Otoglossum, Rossioglossum, Rhynchostele, Solenidiopsis, Symphyglossum, Ticoglossum*	**odonto** (gr.) Zahn, **glossa** (gr.) Zunge
Oeceoclades	Lindley		**oikeios** (gr.) privat, **klados** (gr.) Ast, Zweig
Oeonia	Lindley		**oionos** (gr.) Raubvogel
Oeoniella	Schlechter		Verkleinerung von **Oeonia**
Oerstedella	Reichenbach f.	von *Epidendrum*	nach Anders Sandoe **Oersted**
Onc – Barbata			
Onc – Cucullata		in *Caucaea*	
Onc – Cebolletae		in *Trichocentrum*	
Onc – Concoloria			
Onc – Crispa			
Onc – Cyrtochilum		in *Cyrtochilum*	
Onc - Excavata			
Onc – Heterantha			
Onc – Oblongata			
Onc – Oncidium		in *Tolumnia*	

Auf einen Blick (Fortsetzung)

Gattung	Autor	Abgespaltene Gattungen/ Auswahl an Synonymen	Bedeutung
Onc – Onusta		in *Zelenkoa*	
Onc – Planifolia			
Onc – Pulvinata			
Onc – Rostrata			
Onc – Stellata		siehe auch *Miltonia* und *Odontoglossum*	
Onc – Synsepala			
Ornithocephalus	Hooker	in *Sphyrastylis*, *Zygostates*	**ornithos** (gr.) Vogel, **kephale** (gr.) Kopf
Ornithochilus	(Lindley) Bentham	von *Aerides*	**ornithos** (gr.) Vogel, **cheilos** (gr.) Lippe
Ornithophora	Barbosa Rodrigues	manchmal vereint mit *Sigmatostalix*	**ornithos** (gr.) Vogel, **phoros** (gr.) tragend
Osmoglossum	Schlechter	von *Odontoglossum*	**osme** (gr.) Duft, **glossa** (gr.) Lippe
Otoglossum	(Schlechter) Garay & Dunsterville	von *Odontoglossum*	**otos** (gr.) Ohr, **glossa** (gr.) Zunge
Palumbina	Reichenbach f.	von *Oncidium*	**palumbina** (lat.) zu einer Taube gehörig
Panisea	(Lindley) Lindley	von *Coelogyne*	**pas** (gr.) alles, **isos** (gr.) gleich
Paphinia	Lindley		**Paphia** ist der Name der Aphrodite in Zypern
Paphiopedilum	Pfitzer		**Paphia** (gr.) Beiname der Venus, **pedilon** (gr.) Schuh
Papilionanthe	Schlechter	von *Vanda*	**papilio** (gr.)Schmetterling, **anthe** (gr.)Blüte
Papperitzia	Reichenbach f.	von *Leochilus*	nach **Papperitz**, Freund von Reichenbach
Paradisanthus	Reichenbach f.		**pardeisos** (gr.) Paradies, **anthos** (gr.) Blüte
Paraphalaenopsis	A. D. Hawkes	von *Phalaenopsis*	**para** (gr.) nahe, **phalaenopsis** Orchideen-gattung
Pecteilis	Rafinesque	wird (manchmal) mit *Habenaria* vereinigt	**pectein** (gr.) Kamm
Pelatantheria	Ridley		**pelates** (gr.) Nachbar, **anthera** (gr.) Anthere
Peristeria	Hooker		**peristerion** (gr.) Taube
Pescatoria	Reichenbach f.		nach **Pescatore** von Chateau Celle St. Cloud, Orchideenliebhaber
Phaius	Loureiro	wird (häufig) mit *Gastror-chis* vereinigt	**phaius** (gr.) grau, dunkelfarben
Phalaenopsis	Blume		**phalaina** (gr.) Falter, **opsis** (gr.) sieht aus wie
Phalaenopsis – Aphyllae		überschneidet sich mit *Kingidium*	
Pholidota	Lindley		**pholidotos** (gr.) Schuppe
Phragmipedium	Rolfe		**phragma** (gr.) Teilung, **pedium** (gr.) Pantoffel
Phreatia	Lindley	eine Sektion in *Octarrhena*	**phreatia** (gr.) Quelle, Brunnen
Phymatidium	Lindley		**phyma** (gr.) Geschwulst, **idium** (gr.) Verklei-nerungsform
Physosyphon	Lindley	wird (manchmal) mit *Pleurothallis* vereinigt	**physa** (gr.) Blasebalg, **siphon** (gr.) Röhre
Platystele	Schlechter	wird (häufig) mit *Pleu-rothallis* vereinigt, in *Teagueia*	**platys** (gr.) breit, **stele** (gr. Säule)
Plectrelminthus	Rafinesque	von *Angraecum*	**plektron** (gr.) Sporn, **helminthion** (gr.) Wurm
Plectrophora	Focke		**plektron** (gr.) Sporn, **phorein** (gr.) tragend
Pleione	D. Don		**Pleione**, Mutter der Pleiaden der gr. Mytholo-gie
Pleurothallis	R. Brown	in *Barbosella*, *Dresslerella*, *Myoxanthus* *Trichosalpinx*, etwa 90 weiteren Gattungen	**pleuron** (gr.) Lippe, **thallos** (gr.) kurz

Auf einen Blick (Fortsetzung)

Gattung	Autor	Abgespaltene Gattungen/ Auswahl an Synonymen	Bedeutung
Podangis	Schlechter	in *Listrostachys*	**podos** (gr.) Fuß, **angos** (gr.) Gefäß
Pollardia	Withner & Harding	von *Epidendrum*	nach **Pollard**, amerikanischer Orchideensammler in Mexiko
Polycycnis	Reichenbach f.	von *Braemia, Lueckelia*	**polys** (gr.) viel, **kycnos** (gr.) Schwan
Polyradicion	Garay	von *Polyrrhiza*	**polys** (gr.) viel, **radicion** (gr.) Wurzel
Polystachya	Hooker		**polys** (gr.) viel, **stachys** (gr.) Ähre
Pomatocalpa	Breda, Kuhl & Hasselt		**poma** (gr.) Tasse, **calpe** (gr.) Wanne
Ponthieva	R. Brown		Henri de **Ponthieu**, französischer Kaufmann
Porroglossum	Schlechter		**porro** (gr.) vorwärts, **glossa** (gr.) Zunge
Promenaea	Lindley		**Promeneia** (gr.) Priesterin von Dodona
Prosthechea	Knowles & Westcott	von *Epidendrum*	unklar
Psychilis	Rafinesque	von *Epidendrum*	**psyche** (gr.) Schmetterling, **cheilos** (gr.) Lippe
Psychopsiella	Lueckel & Braem	von *Oncidium*	**Psychopsis** Orchideengattung, **iella** (gr.) Verkleinerungsform
Psychopsis	Rafinesque	von *Oncidium*	**psyche** (gr.) Schmetterling, **opsis** (gr.) sieht aus wie
Pteroceras	Hasselt ex Hassk.		**pteron** (gr.) Feder, **keras** (gr.) Horn
Pterostylis	R. Brown	in *Oligochaetochilus*	**pteron** (gr.) Flügel, **stylis** (gr.) Säule
Rangaeris	(Schlechter) Summerhayes	von *Aerangis*	Anagramm von Aerangis
Renanthera	Loureiro		**renes** (gr.) Niere, **anthera** (gr.) Staubgefäß
Restrepia	Kunth	wurde (häufig) mit *Pleurothallis* vereinigt	nach Jose E. **Restrepo**
Restrepiopsis	Luer		**Restrepia** Orchideengattung, **opsis** (gr.) sieht aus wie
Rhyncholaelia	Schlechter	von *Brassavola*	**rhynchos** (gr.) Schnabel, **Laelia** (gr.) Orchideengattung
Rhynchostele	Reichenbach f.	von *Odontoglossum* (*Lemboglossum*)	**rhynchos** (gr.) Schnabel, **stele** (gr.) Säule
Rhynchostylis	Blume		**rhynchos** (gr.) Schnabel, **stele** (gr.) Säule
Rhytionanthos	Garay, Hamer & Siegerist	von *Bulbophyllum*	*small drinking horn flower*
Robiquetia	Gaudichaud		nach Pierre **Robiquet**, französischer Chemiker
Rodriguezia	Ruiz & Pavon		nach Don Manuel **Rodriguez**, spanischer Botaniker und Apotheker
Rodrigueziella	O. Kuntze	aus *Hellerorchis, Theodorea, Gomesa, Mesopinidium*	nach Dr. Joao **Barbosa Rodrigues**, Botaniker
Rossioglossum	(Schlechter) Garay & Kennedy	von *Odontoglossum*	nach John **Ross**, englischer Orchideensammler
Rudolfiella	Hoehne		nach Rudolf **Schlechter**, deutscher Botaniker
Saccolabium	Blume	in *Abdominea, Acampe, Adenoncos, Aerides, Ascocentrum, Ascochilopsis, Ascoglossum, Cleisomeria, Cleisostoma, Dyakia, Gastrochilus, Grosourdya, Haraella, Holcoglossum, Hymenorchis, Malleola, Microcoelia, Micropera, Microsaccus, Omoea, Papillabium, Peristeranthus, Plectorrhiza, Pomatocalpa, Porrorhachis, Robiquetia, Rhynchostylis, Saccolabiopis, Sarcoglyphis, Schoenorchis, Smitinandia, Solenangis, Staurochilus, Trichoglottis, Tuberolabium*	**saccus** (lat.) Sack, **labium** (lat.) Lippe
Sarchochilus	R. Brown		**sarx** (gr.) Fleisch, **cheilos** (gr.) Lippe
Sarcoglottis	Presl		**sarx** (gr.) Fleisch, **glotta** (gr.) Zunge
Sarcoglyphis	Garay	Syn. *Sarcanthus*	**sarx** (gr.) Fleisch, **glyphis** (gr.) Schnitzerei
Sarcophyton	Garay	von *Cleisostoma* und *Sarcanthus*	**sarx** (gr.) Fleisch, **phyton** (gr.) Gewächs, Pflanze

Auf einen Blick (Fortsetzung)

Gattung	Autor	Abgespaltene Gattungen/ Auswahl an Synonymen	Bedeutung
Sauroglossum	Lindley		**sauros** (gr.) Eidechse, **glossa** (gr.) Zunge
Scaphosepalum	Pfitzer	z. T. von *Masdevallia*	**skaphe** (gr.) Schale, Schüssel, **sepalum** (lat.) Kelchblatt
Scaphyglottis	Poeppig & Endlicher	in *Cladobium, Hexadesmia, Hexisea, pachystele, Pseudo-hexadesmia, Sessilibulbum, Tetragamestus*	**skaphe** (gr.) Schale, **glotta** (gr.) Zunge
Scelochilus	Klotzsch		**skelos** (gr.) Bein, **chilos** (gr.) Lippe
Schlimmia	Planchon & Linden		nach Louis **Schlim**, Orchideensammler für Linden
Schoenorchis	Blume		**schoenos** (gr.) Schilf, Rohr, **orchis** (gr.) hier für Orchidee
Schomburgkia	Lindley	in *Myrmecophila*	nach Sir Richard **Schomburgk**, Naturforscher in British Guayana
Scuticaria	Lindley		**scutica** (gr.) Geißel
Seidenfadenia	Garay	von *Aerides*	nach Gunnar **Seidenfaden**, dänischer Botaniker
Sievekingia	Reichenbach f.		nach Dr. **Sieveking**, damals Bürgermeister von Hamburg
Sigmatostalix	Reichenbach f.	in *Ornithophora*	**sigma** (gr.) c-förmig, **stalix** (gr.)Pfahl
Smitinandia	Holttum	von *Ascocentrum* und *Saccolabium*	nach Tem **Smitinand**, thailändischer Botaniker
Sobennikoffia	Schlechter		nach der Schlechters Frau, einer geborenen **Sobennikoff**
Sobralia	Ruiz & Pavon		nach Dr. Francesco **Sobral**, spanischer Arzt und Botaniker
Sophronitis	Lindley	von *Laelia*	Verkleinerungsform von **Sophronia**, amerikanische Orchideengattung
Spathoglottis	Blume		**spatha** (gr.) Spatha, **glotta** (gr.) Zunge
Sphyrastylis	Schlechter		**sphyra** (gr.) Hammer, **stylis** (gr.) Säule
Spiranthes	L. C. Richard		**speira** (gr.) Spirale, **anthes** (gr.) Blume
Stanhopea	Hooker		nach Philip Henry **Stanhope**, Präsident der Medical-Botanical Society
Staurochilus	Ridley ex Pfitzer	in *Cleisostoma, Stauropsis*	**stauros** (gr.) Kreuz, **chilos** (gr.) Lippe
Stelis	Swartz	in *Humboldtia, Pleurothallis, Salpistele*	**stelis** (gr.) Säule
Stenia	Lindley		**stenos** (gr.) schmal
Stenocoryne	Lindley	wird (häufig) mit *Bifrenaria* vereinigt	**stenos** (gr.) schmal, **koryne** (gr.) Keule
Stenoglottis	Lindley		**stenos** (gr.) schmal, **glotta** (gr.) Zunge
Stenorrhynchos	L. C. Richard	wird (gelegentlich) mit *Spiranthes* vereinigt	**stenos** (gr.) schmal, **rhynchos** (gr.) Schnabel
Stereochilus	Lindley	von *Cleisostoma* und *Pomatocalpa*	**stereos** (gr.) fest, solide, **chilos** (gr.) Lippe
Sunipia	J. E. Smith	von *Bulbophyllum*, in *Ione*	nepalesicher Name für Orchidee?
Symphyglossum	Schlechter	in *Mesospinidium, Odonto-glossum*	**symhpein** (gr.) zusammengewachsen, **glossa** (gr.) Zunge
Tainia	Blume		**tainia** (gr.) Binde
Telipogon	Kunth		**telos** (gr.) Ende, **pogon** (gr.) Bart
Tetramicra	Lindley		**tetra** (gr.) vier, **micros** (gr.) klein
Thecostele	Reichenbach f.		**theke** (gr.) Kasten, **stele** (gr.) Säule
Thelymitra	J. & G. Forster		**thelys** (gr.) Weib, **mitra** (gr.) Kopfband
Thrixspermum	Loureiro		**thrix** (gr.) Haar, **spermum** (gr.) Samen
Thunia	Reichenbach f.		nach Graf von **Thun** Hohenstein

Auf einen Blick (Fortsetzung)

Gattung	Autor	Abgespaltene Gattungen/ Auswahl an Synonymen	Bedeutung
Ticoglossum	R. Lucas Rodriguez & Halbinger	von *Odontoglossum*	**tico** (span.) Einwohner Costa Ricas, **glossa** (gr.) Zunge
Tolumnia	Rafinesque	von *Oncidium*	**Tolumnius**, König von Veii in Etrurien (gest. um 428 vor Christus)
Trias	Lindley	wird (gelegentlich) mit *Bulbophyllum* vereinigt	**trias** (gr.) drei
Trichocentrum	Poeppig & Endlicher	in *Acoidium, Cohniella, Lophiaris, Hybochilus, Stilifoilum, Plectrophora*	**tricho** (gr.) Haar, **centron** (gr.) Sporn
Trichoceros	Kunth		**tricho** (gr.) Haar, **ceros** (gr.) Horn
Trichoglottis	Blume	wird (häufig) mit *Staurochilus* vereint	**tricho** (gr.) Haar, **glossa** (gr.) Zunge
Trichopilia	Lindley		**tricho** (gr.) Haar, **pilos** (gr.) Filz
Trichosalpinx	Luer	von *Pleurothallis*	**tricho** (gr.) Haar, **salpinx** (gr.) ???
Trichotosia	Blume	wurde (lange) mit *Eria* vereinigt	**trichotos** (gr.) behaart
Tridactyle	Schlechter	von *Angraecum*	**tri** (gr.) drei, **dactylos** (gr.) Finger
Trigonidium	Lindley		**trigonus** (gr.) dreikantig
Trisetella	Luer	von *Masdevallia*	**trisetus** (gr.) dreihaarig
Trudelia	Garay	von *Vanda*	nach Nikolaus **Trudel**, Schweizer Orchideenliebhaber
Tuberolabium	Yamamoto		**tuber** (lat.) Knolle, **labium** (lat.) Lippe
Vanda	Jones		**vanda** (sanskrit) für *Vanda tessellata*
Vandopsis	Pfitzer		**vanda** Orchideengattung, **opsis** (gr.) sieht aus wie
Vanilla	Miller		**vanilla** (span.) kleine Schote
Warmingia	Reichenbach f.		nach Prof. E **Warming**, Begründer der Pflanzenökologie
Warrea	Lindley	von *Maxillaria*, Abspaltung in *Warreella*	nach Frederick **Warre**, Orchideensammler
Xylobium	Lindley		**xylon** (gr.) lang, **bios** (gr.) Leben
Zootrophion	Luer	von *Cryptophoranthus*	**zootrophion** (gr.) Menagerie
Zygopetalum	Hooker	in *Acacallis, Aganisia, Batemannia, Koellensteinia, Mendoncella, Neogardneria, Paradisanthus, Zygosepalum*	**zygon** (gr.) Kumt, **petalon** (gr.) Petale, Blütenblatt
Zygosepalum	Reichenbach f.	von *Zygopetalum*	**zygon** (gr.) Kumt, **sepalum** (gr.) Sepale, Blütenblatt

Bildquellen

Archiv der Deutschen Orchideen-Gesellschaft (D.O.G.): Seite 26 r, 44 l, 48 r, 96 r, 111 r, 138 r, 180 r, 183 r
Karlbom, Linda: Seite 66 r, 110 l, 151 r
Lucyk, Kyle: Seite 73 l, 85 r, 99 r
Rysy, Dr. Wolfgang: Seite 34 r
Strauß, Friedrich: Seite 12/13
Ter Borch, Herman: Seite 142 r
Wolff, Manfred; Gruss, Olaf: Seite 19 l

Titelfotos und alle weiteren Abbildungen im Innenteil von Lutz Röllke.